SOCIEDAD PERFECTA UTILIZANDO INTERNET

José Luis Garcia Rodriguez

ISBN-13: 978-1518884405
ISBN-10: 1518884407
Impreso por CreateSpace.

Internet se utiliza para controlar a la gente normal. Este libro trata de cómo se utiliza Internet para controlar partidos políticos, sindicatos, multinacionales, Pymes, autónomos, bancos, fundaciones etc; con lo que no habría fraude fiscal. El sistema permite luchar y combatir muy eficazmente contra cualquier tipo de delincuencia; como el terrorismo (Etarras, Yihadistas, Al Qaeda, Hamas, Islamistas, Las Farc, etc), con lo que los atentados de las torres gemelas, Paris, Londres y del 11 M de Madrid serían difíciles de hacer; también una casi desaparición del narcotráfico, secuestros e inmigración ilegal. Al no haber fraude fiscal entre 25 y 30 países de más renta per cápita se da una media de 800 euros al mes de paga social al que no trabaje. Tampoco habría apenas contrabando, mercado negro, economía sumergida. Se baja el déficit público, disminuyen los robos y la prostitución. Sólo habría la corrupción política de meter al amigo o pariente. Se resuelve el problema de la deuda en muchos países. Sería imposible algún agujero económico en Bancos o empresas.

PRÓLOGO

Este libro trata de cómo se lucha muy eficazmente con la mayor parte de la delincuencia en los países capitalistas: casi todo el narcotráfico, el terrorismo, los secuestros, la inmigración ilegal y el fraude fiscal. Habría una fuerte disminución de los robos, corrupción, fuga de capitales y contrabando. Como pagar la deuda de muchos países capitalistas. Se le podría dar una paga social de unos 800 euros de media en por lo menos 25 países capitalistas, a todas las personas que no trabajen, pero con unas condiciones, como Francia, Alemania, Estados Unidos, España, etc. A otros países capitalistas con menor renta per cápita, se lograría dinero para hacer comedores sociales y alberges para pobres.

Describo de forma sencilla un mundo nuevo y real con la tecnología existente.

Descubrirá la potencia que hay en esta tecnología de Internet para resolver todos los problemas anteriormente citados. Significa el triunfo del bien sobre el mal; y uno de los mayores males de las sociedades capitalistas son aquellas multinacionales y grandes empresas de más de 250 empleados que defraudan a Hacienda (se consideran PYMES hasta 250 empleados), y los Gobiernos que la consienten.

Vamos a controlar tanto a la gente normal, como a partidos políticos, sindicatos, fundaciones, multinacionales, Bancos, PYMES etc; todo un súper control de la Sociedad. La gente normal está muy controlada hoy en día, pero no las instituciones, con lo cual hacemos en este libro una Sociedad perfecta. El Ministerio del Interior controla Google, redes sociales, correos eléctronicos, etc.

No es el principal problema de la sociedad el controlar a la gente normal, pero nuestro sistema obliga también a controlar a la gente normal, porque un ordenador sabría todas nuestras compras, al detalle, en una gran superficie, pero tendría como ventaja el que no defraude la gran superficie, sin ser importante para la gente normal que un ordenador sepa al detalle nuestras compras.

El libro tiene tres partes. En la primera vemos como se lucha contra el narcotráfico, el terrorismo, los secuestros, los robos, la corrupción política, el contrabando, la inmigración ilegal; explicando la tecnología de forma sencilla basada en Internet, así como sería imposible los agujeros económicos de bancos, empresas y multinacionales. En la segunda describimos como se hace automáticamente la declaración de hacienda, sin tener las empresas y los particulares que hacer nada, como funcionarían muchos negocios con nuestro sistema, la lucha contra el fraude fiscal y el déficit, la fuga de capitales, como eliminar la deuda en unos años; como se da la paga social de 800 euros en 25 países o 30, y en otros países menos dinero; por lo menos para hacer comedores sociales y alberges, con lo que describimos la economía de muchos países. La tercera describimos los defectos de la sociedad actual, como se lucha contra la pornografía infantil, la financiación ilegal de los partidos, la financiación de sindicatos y patronal, etc.

Pero todo el libro es mi opinión, y se lo he enseñado a gente que está a favor y otra que está en contra; hay división de opiniones como es la verdadera democracia, pero personalmente que a mí me controlen no me importa, porque no le hago daño a nadie. La gente que he consultado y no les ha gustado mi sistema sí cumplen la ley, y el sistema sólo actúa cuando no se cumple la ley.

Este libro perjudica a toda la gente que no cumpla la ley, y beneficia a la gente honrada.

Los 4 poderes de la sociedad son: en primer lugar las multinacionales que apenas pagan a hacienda, la Iglesia que acabo con la guerra fría, los políticos que hacen las leyes, y por último la prensa que derriba gobiernos.

La base del libro es quitar algo de poder a las multinacionales, haciendo que paguen correctamente sus impuestos, pero en compensación, en muchos países se les baja mucho el impuesto de sociedades, con lo que aquellas que paguen correctamente se ven favorecidas al bajar los impuestos.

CAPITULO I

El sistema

Sección I.1. Como sería el sistema

El sistema para que la sociedad sea perfecta, es una completa desaparición de la circulación del dinero físico entre personas y empresas. Con esta idea vamos a hacer un súper control de la sociedad. El dinero físico sólo circula entre los diferentes bancos, por lo que sigue existiendo, no como en Dinamarca que quieren desaparecerlo.

Para personas y empresas sólo circula dinero electrónico a modo de tarjetas de crédito, pero mucho mejor con máquinas que nos lean nuestras huellas digitales.

En Dinamarca ya han anunciado para el año 2016 un sistema de tarjetas de crédito, operando con sólo dinero electrónico y retirando la moneda. Existe tecnología desde hace años para realizar todo lo que hemos dicho en el prólogo. Explicaremos la tecnología de Internet dando datos casí exactos. En un principio vamos a relatar las enormes ventajas y todos los problemas que daría este mundo nuevo. Después describiremos la tecnología.

De esta forma yo voy a comprar un producto a un negocio, y a la hora de pagar, el del negocio me pone una máquina con Internet, donde pongo el dedo indice, la máquina lee mi huella digital, entonces se produce una transacción de dinero electrónico de mi banco, al del banco del dueño del negocio. Esto es extensible a todo tipo de negocios, siendo muy rápido. Después se produce la circulación de dinero físico entre los diferentes bancos.

La huella dactilar, en nuestro sistema, no es la única forma de pago. También admite unas tarjetas especiales para que paguen los empleados de cualquier negocio o institución, así como el pago con cualquier carnet de identidad, conducir o tarjeta sanitaria, y además el sistema actual de tarjetas de crédito, con lo cual es más completo nuestro sistema que el de Dinamarca.

El sistema de las tarjetas de crédito sólo sirve para que no nos roben, pero no controla bancos, multinacionales, autónomos etc.

Además favorece enormemente a los bancos al cobrar comisiones, los cuales pueden ocultar el dinero, porque los bancos no estarían controlados, en nuestro sistema sí.

Sección I.2. Los sistemas existentes

A septiembre del 2014 se ha dicho que el sistema del pago por la huella se va a implantar en Venezuela. Pero creo que se hace para controlar más al ciudadano normal, no para controlar a políticos ni instituciones, que es lo que pienso yo, porque Venezuela es actualmente un país comunista igual que Cuba, en donde sólo vive muy bien el dirigente, ejército, policía y pocas personas más.

Es demasiado pronto para evaluar el sistema de Venezuela, pero tendrían que cablear todo el país con fibra óptica, con lo que les llevará un tiempo hacerlo.

El pago actual por tarjetas de crédito está mal diseñado, porque la banda magnética tendría que llevar grabada la huella digital, de forma que sería más rápido la lectura de ésta por la máquina, que el código de la tarjeta, el cual se nos puede olvidar. Si nos roban la tarjeta no la pueden utilizar al no coincidir su huella, lo mismo que en un futuro los ordenadores nos leerán la huella junto con la tarjeta de crédito para hacer pagos seguros por internet. Hoy en día te mandan una clave al teléfono móvil, con lo que es más seguro que antes.

Actualmente en Suecia se pagan los autobuses y numerosas tiendas sólo con tarjetas de crédito, evitándose los robos; se quiere hacer que toda la economía funcione con tarjetas de crédito. En Suecia ya hacen algunos pagos con la mano, aunque para mí vale con el dedo índice.

En Noruega también querían que funcionase toda la economía con tarjetas de crédito, pero la gente no lo quiere porque dicen que coarta su libertad. Imagínense que nos viene un inspector de hacienda a nuestro negocio, y le decimos que coarta nuestra libertad; pero que conste que el mejor inspector de hacienda es un ordenador bien programado.

Emplearíamos el mejor ordenador del mundo que hace mil billones de operaciones por segundo. El coste de éste ordenador es mínimo en comparación con lo que cuesta cablear todo un país con fibra óptica; pero sólo hasta donde están estratégicamente los servidores.

Se puede controlar por GPS donde está una persona por su móvil, si lo lleva encima, porque el móvil está emitiendo señales, es parecido a una radio baliza. El Ministerio del Interior controla Internet.

Lo que se me ocurre es que haya un referéndum en cada país, como ocurrió con la constitución, viendo a que países interesa.

Sección I.3. Otros sistemas y algunos problemas del nuestro

Habría otros sistemas como sería el iris del ojo; sería bajo mi punto de vista más incomodo.

Puede darse el caso de que una persona no tenga manos, nuestro sistema también le valdría porque podemos pagar con cualquier identificación, bien sea carnet de identidad, conducir o seguridad social.

Los ciegos tendrían problemas porque les pueden cobrar de más, pero podrían tener sistemas de sonido, como actualmente ocurre con los semáforos.

El sistema de la huella dactilar es moderno, cómodo y rápido en la mayoría de países.

Sección I.4. Ventajas del sistema

Las ventajas son: No hay apenas narcotráfico, disminución de robos, no hay apenas corrupción política, disminuye el terrorismo. Se elimina el fraude fiscal, apenas habría inmigración ilegal, contrabando, fuga de capitales. En muchos países se elimina la deuda.

Lo más importante es el fraude fiscal, siendo la base del libro para que funcione el capitalismo, porque se elimina la deuda de muchos países capitalistas en pocos años. El único fraude fiscal en nuestro sistema es tener gente trabajando que no esté en el sistema de huellas del país; a estas personas en lo sucesivo les llamaremos esclavos, porque trabajan sólo por la comida y otros gastos mínimos para el empresario.

No existiría la compra de facturas para justificar costes. Tampoco se podría dar facturas exageradas.

Es casi imposible la excesiva fuga de capitales.

Otra ventaja es que no circularían billetes falsos.

Toda la gente ganaría un dinero para tener una vida digna en países capitalistas, definiendo éstos como aquellos con una renta per cápita alta; unos 25 o 30 países. En otros países capitalistas también les damos algo de dinero para comer y otras necesidades básicas.

Sección I.5. Las armas

Habría pocas armas. Hay mucho armamento que se compra ilegalmente en el mercado negro. Esta posibilidad no se podría hacer, porque con nuestro sistema el mercado y dinero negro no existiría. En Estados Unidos se puede comprar un arma en un simple supermercado.

Por eso el atentado de Paris de enero del 2015 sería difícil de hacer con nuestro sistema, porque a las personas del Islam no se les da permiso de armas y se les controla sus viajes. El otro atentado de Paris de Noviembre del 2015 no podrían ni robar, ni fabricar explosivos, comprar metralletas ni granadas (lo veremos en la tecnología). Esto es aplicable también al atentado de Madrid y Londres.

Tendrían que robarlas o traerlas por carretera, y se les registra a todos; tanto en autobuses, camiones, furgonetas, como en coches particulares. Si vienen por avión es imposible que traigan armas. También hay que vigilar las costas. Es muy difícil que vengan en barco porque tendrían que pagar al capitán o a los marineros; en una investigación saldrían los conceptos, superarían su sueldo, que se podría investigar, porque sería mucho dinero lo que les pagarían. Estaría penado con 10 años de cárcel.

Lo perfecto de las armas es que tuviesen un mecanismo de GPS que fuese de algún modo imposible de desactivar, de tal forma que si nos la roban, poderla localizar inmediatamente antes de cometer un crimen. El mecanismo de GPS estaría soldado como si fuese una caja negra, de forma que si intentan quitarlo, antes se localizaría el arma por GPS.

También las armas las tendrían los policías, ejercito, vigilantes jurados y guardaespaldas. A ningún islamista se le permitiría tener estas profesiones.

El impedir fabricar armas químicas lo veremos en la tecnología.

Sección I.6. El terrorismo

No habría apenas terrorismo porque no se puede financiar, con lo que no nos pueden cobrar el impuesto revolucionario ni secuestrarnos, porque tendríamos que transferir dinero a personas que no son familia en primer grado, y el sistema no lo admite, ni tampoco podrían comprar explosivos, porque sólo se los venden al ejercito o a las minas. Los responsables de estas compras de explosivos estarían muy controlados.

Sí se admite en nuestro sistema transferencias de 50 euros al día, 300 euros al mes, o 3.600 euros al año a personas que no sean familia nuestra; con lo que no te van a secuestrar con esas cantidades tan bajas.

Tampoco van a traer explosivos, pistolas, metralletas, granadas etc; en una furgoneta, camión, coche particular o por barco por esas cantidades, porque se averiguan quien se las ha dado en caso de que se identifique al terrorista; vivo o muerto.

Cuando nuestro sistema se haga en todo el mundo, se sabrá el comprador original de las armas o explosivos, sea del país que sea.

Siguiendo con los secuestros; lo que si se admite son transferencias entre un particular y una empresa, o entre dos empresas. Todo el mundo sabe que los terroristas tienen empresas. Pero si se realiza el secuestro con una de estas modalidades, siempre existe la posibilidad que la familia del secuestrado denuncie, una vez liberado el secuestrado, a la empresa a la que ha pagado el secuestro, y se investigaría los conceptos de esa factura. Sería todo un riesgo para los secuestradores, y nunca secuestrarían a nadie.

Si quieren cobrar el impuesto revolucionario de empresa a empresa, al ser cantidades importantes, saldría en la empresa de los terroristas un rendimiento muy alto, con lo que un inspector de hacienda va a investigar los conceptos y el stock, vía ordenador, y a su vez la empresa del que paga le daría un rendimiento menor, con lo que se podría investigar, y sólo con que lo descubran en una empresa, se puede descubrir la empresa de los terroristas.

Ya veremos cuando hablemos del sistema sofisticado que no se pueden falsear conceptos de facturas, y tanto en el impuesto revolucionario, como en el secuestro, tendrían que señalar el concepto.

Los explosivos los tendrían que conseguir robándolos, tal y como hacen hoy en día.

Habría que reforzar la vigilancia de los lugares donde se encuentran almacenados los explosivos, sobre todo en las minas y las fábricas; con el ejército, por ejemplo. Todos los explosivos vienen con el nombre de la fábrica, con lo que si los roban y son recuperados, se sabrá la fábrica y el respondable de la fábrica, con lo que tendrá que dar muchas explicaciones; lo mismo que si alguno no explota. También los pueden robar, y darse cuenta el responsable poniendo en estado de alerta al país de un posible atentado.

Pero los atentados con explosivos lo hacen para meterle miedo a la gente y paguen el impuesto revolucionario o un secuestro, al no poder hacerse esas dos cosas, no tendrían dinero y se acaba el terrorismo. Si se elimina la financiación de los terroristas, se acaba con el terrorismo.

El terrorismo de la ETA prácticamente está desaparecido, no lo vamos ni a comentar, eran simplemente delincuentes que ahora viven bien de la política.

La mafia italiana, que es otro tipo de terrorismo, en nuestro sistema no podría cobrar dinero por extorsionar, pero sería imposible evitar que amenacen a gente con comprar sus productos, lo que no recauden por un lado lo van a recaudar por otro. Aunque siempre se podrá investigar cambios a un proveedor más caro. Habría que investigar estos cambios, y ver si ese negocio está amenazado por la mafia.

En cuanto al terrorismo de palestina, les han dejado los Israelitas los territorios de Gaza, aparte de dinero para que construyesen Hospitales y Escuelas, y les han ofrecido tecnología; lo que han hecho es comprar misiles para atacar Israel.

Palestina está financiado en parte por la Comunidad Europea y otras organizaciones; pienso que si se quita toda o parte de esa financiación se arregla el problema, porque para vivir tendrían que aceptar lo que les ha ofrecido Israel.

La organización terrorista Hamas está financiada sobre todo por Daawa y otras organizaciones. Hay que eliminar esta financiación. Pero la razón que dicen los palestinos es que sólo recuperan el 22%

de su territorio, pues que se contenten, porque la efectividad del escudo de misiles de Israel es del 90%, con lo que de cada 10 misiles que lanza palestina sólo llega uno a Israel; dinero perdido. Y se tienen que contentar porque a México no le van a devolver Texas.

El terrorismo de Al Qaeda o de otro grupo terrorista Islámico en Estados Unidos u otro país Occidental se evita de la siguiente manera: Dada la seguridad que hay hoy en día en los aviones no se puede hacer otra vez un atentado como el de las torres gemelas, porque van a poner escáneres en los aeropuertos. Pero sí se podría hacer con explosivos, cuestión ésta que es muy difícil porque no pueden fabricar explosivos (lo veremos en la tecnología), y no los pueden robar.

La investigación de los comandos durmientes se hace principalmente a personas que tengan muchos viajes a países del Islam. El ordenador central tendría que tener información de compañías aéreas y de las fronteras de Europa, así como compañías navieras que vayan a países Islamistas. Por ejemplo dejarles hacer sólo un viaje o a lo sumo dos al año.

Lo que creo es que los terroristas islámicos se comunican por correo certificado, como siguen los atentados, habría que contemplar la posibilidad de intervenir esos correos.

En los países que no adopten éste sistema, seguirán con el terrorismo, las armas químicas etc. Pero no hay que salir de Estados Unidos a por ellos, por eso fue un error la guerra de Irak, lo mismo que la de ahora de Siria. En Siria hay sólo 70.000 terroristas y no se combaten con bombardeos, porque habrá muchos más en Europa. Hay que defender las ciudades, sobre todo las grandes como Paris, Londres y Madrid, porque una idea no se combate; por ejemplo todavía hay gente con ideas Nazis.

Se emplea desde hace años la tecnología de espiar millones de llamadas telefónicas y correos electrónicos. Se pueden controlar aunque utilicen claves, que se deducirían como hacían en la Segunda Guerra Mundial.

El terrorismo Colombiano las FARC creado en 1964, no podrían hacer tampoco explosivos, y les sería imposible renovar el armamento.

Las FARC es anarquista, pero además existe la guerrilla. Ambas se financian por secuestros y el narcotráfico; con nuestro sistema se anulan las dos formas de financiación.

No podrían comprar armas porque necesitan una cuenta bancaria de una empresa legal para hacer la transferencia, al tener que poner de concepto armas, para ser legal, el ordenador del municipio no acepta esta transferencia, porque el concepto de armas pesadas sólo las puede comprar un gobierno democrático, este razonamiento es válido para cualquier terrorismo.

Un ejemplo de la efectividad de nuestro sistema es el siguiente:

Uno de los terroristas del atentado de Paris de Noviembre del 2015 estuvo detenido 6 veces y un Juez lo dejó libre. Se puede hacer un seguimiento ilegal. Sería muy costoso hacerle un seguimiento a todos los que haya detenido la policía y quedasen libres, en el sistema actual. Con nuestro sistema se les hace un seguimiento electrónico de lo que compran, viajen etc. Sería mucho más barato que el sistema actual, ya que en Francia hay 4.000 radicales.

Los Yihadistas se financian con una organización llamada Isis. Esta organización se financia principalmente con secuestros, que ya hemos dicho como se evitan. Si el sistema se hace en toda América y Europa, no pueden secuestrar a nadie de esos países.

Otra medida de seguridad es no darles la doble nacionalidad a personas Islamistas, porque lo normal del delincuente es que no trabaje, y se facilita su expulsión del país. O sacar una ley que se le expulse del país al mínimo delito; esta ley sólo se aplica a Islamistas no nacidos en el país.

También sacar una ley Internacional en la que las personas Islamistas sólo pueden venir una semana de turistas. Si vienen de turistas, se les busca explosivos con perros adiestrados.

Las personas dedicadas a la lucha antiterrorista, tendrán acceso a todos los datos informáticos de la gente fichada por la policía. La Interpol tendría acceso a esos datos y además a los de cualquier país.

Todo el problema del terrorismo, con el sistema del libro, se arreglará con los años, ya que de momento tienen los explosivos y las armas en el propio país; tendrían que buscarlos a la vez que comiencen a hacer el sistema en muchos países.

Sección I.7. El narcotráfico

No habría apenas narcotráfico, porque los narcotraficantes no ten-drían la máquina para cobrar por la huella dactilar, con lo cual no habría drogas, a no ser que las robemos en un hospital, pero al no poder vender, sería de uso personal y en un grado mínimo, por ejemplo cultivando plantas de cannabis.

El que fuese drogadicto, y no las robe de un hospital, tendría que marcharse del país para consumir droga dura, con lo que nos evita-ríamos un gran problema.

Hay gente que pensaría en legalizarlas, algunas, como el cannabis, que en algunos países ya están legalizadas como Holanda (pero en un local).

No habría drogas, la única posibilidad aparte del trueque, es que nos la vendan en un negocio, pero hacienda haría una revisión de los beneficios de ese negocio. Si los ingresos son desorbitados con respecto a las compras se podría detectar que en ese negocio se está vendiendo drogas, y vigilarlo con policías sin uniforme o por medio de confidentes. También podrían inspectores investigar los conceptos y el stock del negocio.

Así todos los negocios llevarían un coeficiente ganancial, que se-ría la relación entre ingresos y gastos, y nunca se podría superar ese coeficiente. Hacienda determinaría este coeficiente para cada tipo de negocio el cual no se puede rebasar. Si se rebasa habría fuertes multas, y se investiga los conceptos por si inflan las facturas.

Más adelante hablaremos de un sistema sofisticado que es perfecto, porque no se puede hacer el trueque de por ejemplo te compro comida o ropa, a cambio de droga, porque detectaríamos mucho gasto en ciertos conceptos de consumo básico, por ejemplo la comida, la ropa etc.

En cualquier negocio en que se descubra que se vende drogas, cerrar el negocio y cárcel por tráfico de drogas, con lo cual para un pequeño beneficio que daría la venta de drogas, nadie se arriesgaría, porque se puede investigar los conceptos, y los grandes narcotraficantes se irían a otro país en donde no exista nuestro sistema, con lo que nos evitamos un gran problema.

Sección I.8. Los robos

No habría apenas robos, porque si nos roban en nuestra casa el televisor, no lo podrían vender, porque no tendrían la máquina para cobrar el televisor, aunque pueden tener máquina de cobrar de otro negocio, y lógicamente, si por ejemplo, tengo una tienda de ropa no puedo vender un televisor, porque en el sistema sofisticado hay que poner el concepto leyendo el código de barras de la caja del televisor. Además el stock de los negocios es controlado.

El robo se supeditaría a coger cosas que nos sean de utilidad; por ejemplo en el caso del televisor, si no lo tengo, pues lo robo de una casa. Con lo que el robo se reduce a meras necesidades, con lo cual no sería muy extensivo.

También se puede robar en supermercados comida, o ropa en grandes almacenes, pero sería en un tanto por ciento muy bajo, porque en nuestro sistema todo parado cobra algún dinero, quedaría este tipo de robos para personas cleptómanas, las cuales son meros enfermos.

Resumiendo los robos no serían un gran problema. No se puede hoy en día robar coches de lujo y llevarlos a África, porque tienen éstos coches un sistema de GPS y son fáciles de localizar, aunque existe la posibilidad que sepan como anular el sistema de GPS. Pueden robar joyas de gran valor, llevándolas a países donde no tengan nuestro sistema.

Sección I.9. La corrupción política

Tampoco habría mucha corrupción política, porque todas las transacciones quedarían registradas, por lo que si uno da alguna comisión ilegal quedaría ésta registrada, no admitiéndola el sistema porque no somos familia en primer grado; está prohibido dar apenas dinero a personas que no sean de nuestra familia, ni a partidos políticos, sólo si pertenecemos a él, y en una cantidad limitada.

Puede haber la corrupción del amiguismo o el pariente.

No puede existir el caso de que al Jefe de compras de un Hospital le regalen un coche, esto queda totalmente prohibido dar regalos de una cierta cuantía a personas que no sean de nuestra familia. Por ejemplo regalos a la novia de poca cuantía serían admitidos, pero si están viviendo juntos y se declaran parejas de hecho, estaría permitido cualquier regalo. .

Sección I.10. La inmigración ilegal

No habría apenas inmigración ilegal, porque a los extranjeros sólo se les permitiría estar un cierto tiempo en el país, y si quieren estar más tiempo es por medio de un trabajo.

A los extranjeros, que sólo pueden consumir con tarjetas de crédito o de débito, el ordenador central sabría el tiempo que llevan debido a sus consumos, por lo que se puede saber donde está viviendo, tanto en un hotel como en una vivienda de alquiler, con lo que se le localiza y se le echa del país, a no ser que sea que sea de la Comunidad Europea y esté en un país de la comunidad Europea. También se pueden desactivar las tarjetas de crédito y de débito, por lo que tendrían que marcharse.

Con nuestro sistema el inmigrante ilegal no tendría máquina para cobrar, con lo que no puede vender nada, ni tampoco estaría en el sistema de huellas, por lo que no puede pagar nada.

Sucede con los Africanos que no sabemos de qué país son, con lo que si no nos lo dicen los metemos en cárceles, haciéndoles trabajar, Y si nos lo dicen los llevamos a su país. Pero en la cárcel les daríamos una formación para que la utilicen en sus países.

Una solución para no meterlos en las cárceles es averiguando de que país son. Para ello habría que ayudar más a África; a cambio tendrían digitalizados todas las huellas de sus habitantes. Desde cualquier país se puede entrar en los diferentes ordenadores de países Africanos, vía satélite, hasta averiguar el país del inmigrante ilegal mediante su huella; lo deportamos por supuesto. Puede suceder que se corte el dedo o quemen con ácido la huella digital. En este caso los metemos en la cárcel hasta que nos digan de qué país vienen.

La única forma sería que trabajasen por la comida y la vivienda, no teniendo dinero para nada, con lo cual iría a otro país, porque aquí sería un esclavo. Pero éste sistema de esclavitud sería fuertemente controlado, lo mismo que las prostitutas que no estén registradas en el sistema de huellas. Porque la única posibilidad que tendrían sería trabajar por la comida, porque al no estar registrados en el sistema de huellas no podrían ni cobrar, ni pagar comida, piso etc. El empresario que admita esto, con nuestro sistema se detectaría mucho consumo en gastos como la comida, vestir, vivienda etc; entonces el ordenador del municipio lo detecta y se puede investigar. Si tiene sólo uno igual no lo detecta, pero si tiene varios esclavos sí. Se pondrían penas de cárcel de varios años al que tenga esclavos.

Además toda esta gente que viene de África no tienen la mayoría ninguna formación y actúan en la economía sumergida, por eso hay que darles de comer y una formación para que la utilicen en sus países, quedándose allí vivirían mejor en ellos. Pero esa formación se hace en África, por medio de ONGS, por lo cual los gobiernos ten-drían que dar más dinero a éstas ONGS, Cruz Roja, Caritas o Misioneros.

Sección I.11. La delincuencia

La delincuencia bajaría enormemente, porque todo el mundo tendría dinero para sus gastos, bien trabajando, o por medio de una prestación, con lo que en un matrimonio habría menos tensión, aparte de estar menos preocupados del futuro de los hijos. Todo esto sería para 25 o 30 países. El resto de países tendrían que dar una pequeña cantidad de dinero para comer y otras necesidades básicas.

En nuestro sistema la delincuencia sería para psicópatas, machistas y asesinos. Con lo cual siempre habrá este tipo de delitos, viene innato en ciertas personalidades, concretamente se ha demostrado que viene en el ADN.

Sección I.12. El historial médico

Otra ventaja sería el que por medio de nuestra huella digital, tendrían acceso a nuestro historial médico.

Los médicos de las unidades móviles tendrían máquinas que se conectarían vía telecomunicaciones directamente al ordenador central. Todo nuestro historial médico lo tendría el ordenador central que captaría variaciones por medio de servidores.

También en una visita al médico, si se nos olvida la tarjeta sanitaria, el médico tendrá un lector de huellas digitales para saber el historial médico, o las recetas que nos tienen que dar si somos enfermos crónicos. Pero sólo tendrán estas máquinas especiales los médicos y tendrán acceso al ordenador central. La consulta sería practicamente instantánea.

Lo perfecto es que el ordenador verifique la huella del médico, con lo que sólo él puede hacer esa consulta.

Para extranjeros, viendo su documentación, en caso de que esté inconsciente, vemos el país y desde nuestro país se comunica con el ordenador central del país del extranjero por el pasaporte o cualquier identificación, con lo cual para extranjeros que adopten nuestro sistema, se puede saber su historial médico. Siempre y cuando nos lo traduzcan programas ya existentes.

Sección I.13. El principal problema de nuestro sistema

El principal problema para que el sistema sea común en todo el mundo son las divisas. Pero vamos a suponer que haya problemas y de momento lo vamos a hacer en países individuales, excepto en los países en los que haya el Euro que sería común.

Pero tiene que haber una solución para que sea común en todo el mundo, por ejemplo que haya una moneda única.

Comentar que en otro capítulo diremos una teoría económica de cómo hacerlo en todo el mundo sin tener moneda única.

Todo este sistema sería perfecto a no ser porque los políticos no lo quieren, porque no podrían robar. De todas maneras no vamos a decir que todos los políticos roban, porque hay muchos honrados.

Sección I.14. La policía

Otra ventaja sería para los policías, porque podrían rastrear a un delincuente. La policía podría saber, por ejemplo, donde ha hecho la última compra el delincuente. Se sabría la calle y ciudad donde está el delincuente, lo cual al saber donde ha efectuado la última compra les daría la pista a los policías por donde buscar. Si es un delincuente peligroso, se podría rodear toda la zona. Por ejemplo si ha alquilado un piso, o si se aloja en un determinado hotel, estas posibilidades serían remotas, porque el delincuente sabe que lo podrían localizar de manera fácil, y no podría utilizar, si trabaja, la tarjeta de la empresa (ya hablaremos después de estas tarjetas), porque ésta es anulada por la policía automáticamente cuando alguien cometa un delito, lo mismo que también quedarían anuladas todas las tarjetas de crédito del delincuente.

Pero también se le puede sacar del sistema de huellas e inhibir todos los carnets para que ni cobre ni pague nada, como si fuese inmigrante ilegal. Esta medida es muy útil para terroristas, porque no pueden ir muy lejos, ya que no pueden repostar combustible, ni pagar autobuses, trenes, hotel etc.

Todo el funcionamiento de la policía lo ampliaremos en el capítulo de la tecnología

Los pocos policías que habría podrían patrullar por las calles, como sucedía antiguamente, con lo que la gente no acosaría a las chicas. O vigilar los pocos negocios incorrectos que habría.

Otra ventaja que tiene la policía es que de olvidársenos el carnet de identidad, la policía nos puede identificar con una máquina especial para los policías, que también nos puede leer nuestra huella digital, poniéndose en contacto con cualquier servidor, porque como diremo, todos los servidores que utilicemos tendrán nuestra huella digital. Y puede como ahora saber, una vez identificado, si se les busca o no, porque el servidor se comunica con el ordenador central para saber si la policía lo busca por cualquier delito.

También, si es extranjero, nos podemos comunicar con otros ordenadores centrales de otros países para saber si es un delincuente. Por supuesto en los países que tengan también nuestro sistema.

Por lo tanto cuando alguien comete un delito, y está en busqueda y captura, la policía lo comunica al Ordenador Central

Sección I.15. El fraude en nuestro sistema y la seguridad

El máximo responsable del sistema sería un hombre insobornable.

El fraude se evita con un potente sistema de seguridad.

De haber fraude, al no circular el dinero, el defraudador tendría que hacer una transferencia bancaria de su cuenta a la de otra persona, con lo que no sería admitida si no es familia en primer grado. Queda como delito leve el sólo hecho de intentar hacer una transferencia no permitida.

Los pagos al extranjero se podrían hacer por transferencia bancaria, o PAYPAL, pero siempre en base a algo que compremos, y ya veremos que estos pagos son muy controlados.

Si se entra en el pentágono, pueden entrar en nuestro sistema, no para interés propio, si no para hacer daño, como sucede actualmente con los virus de los ordenadores. Habría que tener cuidado con los virus. Pero hay sistemas de Internet que nadie ha entrado, utilizaríamos la seguridad de estos sistemas. Aparte de los virus, también eliminaríamos cualquier sistema de espiar el contenido del ordenador central.

Es un riesgo tener sólo un ordenador central, porque se puede estropear, y puede tener virus. Por eso si se estropea, tener otro que utilice los mismos discos duros que el ordenador estropeado, mientras se arregla el otro. Pero también se hace instantáneamente que se copien los datos en otros discos duros, para mayor seguridad, pero controlando con potentes antivirus que no pasen virus a otros discos duros.

Según se vaya mejorando la tecnología, sustituir tanto el ordenador central como los servidores, aunque dada la velocidad de mil billones de operaciones por segundo, habrá muchos países en que no lo sustituiremos. En Estados Unidos, China, Rusia, México o la India si lo sustituiremos cuando sean más rápidos, porque en estos países el flujo de información es muy superior a otros. Los servidores no habría que renovarlos todos, porque en zonas de poca población po-dríamos tener servidores antiguos, pero sí renovaríamos los servidores en las ciudades.

La seguridad del sistema es muy importante.

Sección I.16. La banca y las multinacionales

La banca tendría que ser estatal, sería conveniente, además de ser el sistema más justo, porque de especular con nuestro dinero, lo normal es que fuese el estado que somos todos y no particulares, que fue lo que hicieron en Islandia.

Las malas gestiones de los bancos han producido un colapso financiero mundial.

Pero es un error de la sociedad desde los primeros banqueros que hubo en Italia en la edad media.

En Europa sería un monopolio prohibido por la Comunidad Europea. Se podrían cambiar leyes de la Europa Comunitaria y hacer la excepción, en el caso de la banca, y que ésta sea estatal en cada País. Para países individuales como México, Argentina, Colombia etc; se podría hacer que la banca sea estatal.

Una de las pocas cosas que tiene de bueno el comunismo es que la banca es estatal, con lo que el Gobierno que somos todos es el más fuerte, y entonces no se tiene que plegar ante banqueros y multinacionales, porque éstas multinacionales, como veremos, pagan los impuestos que quieren, sin hacer nada al respecto los Gobiernos, porque en el mundo capitalista mandan las multinacionales, y han desaparecido muchas tiendas familiares porque no pueden competir con multinacionales o grandes empresas.

Sospecho que los políticos responsables de que no vayan a investigar las multinacionales cobren este favor yendo, una vez que salen de la política, a ocupar un gran puesto en estas multinacionales.

Además y hablando de Marketing, estas superficies suelen poner la panadería al final para que recorras toda la superficie, como puede ser un supermercado, y te fijes en otros productos, aparte de poner música agradable para que estés más tiempo, y lo que más venden lo ponen a la altura de los ojos. En verano tienen aire acondicionado.

La gran ventaja de estas superficies es que tienen de todo y compran al por mayor, con lo cual los productos son más baratos.

En cuanto a la banca por lo menos tener, como antiguamente, el coeficiente de caja al 15% o más, porque lo que hacen es invertir casi todo nuestro dinero, y no haber dinero para préstamos.

El coeficiente de caja es la cantidad en metálico que tiene que tener el banco, con respecto al dinero total en depósitos que tiene el propio banco. Se está estudiando por Europa el que tengan un 8% de coeficiente de caja.

Hay un plan Europeo de investigar la banca. En nuestro sistema ésta investigación sería muy fácil de hacer, porque los bancos estarían muy controlados, ya que serían una empresa más.

Sección I.17. El ordenador central y el bunker

Habría un ordenador central que controlaría todo el proceso en un bunker. Se podría hacer que el sistema bancario permaneciera como está, con lo que en el bunker estarían representados todos los bancos.

A una hora determinada se efectuarían las transacciones de dinero de un banco a otro en moneda. El dinero físico existe y estaría todo en ese bunker.

Sección I.18. El dinero electrónico y el bunker

Al producirse transacciones de dinero electrónico, se producen al cabo del día déficit y superávit de dinero nuestro que tienen los respectivos bancos, por lo que hay dinero físico, el cual hay que llevarlo de un banco a otro.

Se produce déficit y superávit de todos los bancos por la sencilla razón de que la gente gasta dinero, y en la mayoría de los casos es de un banco a otro diferente.

Ese tránsito se realizaría de la manera siguiente: si un banco tiene que dar dinero lo lleva a una sala del bunker; si un banco tiene superávit cogería de esa sala dinero; todo éste trasiego de dinero es controlado por inspectores. Pero se haría con máquinas de contar billetes, tal y como hacen ahora las sucursales bancarias.

Es el ordenador central el que informa que un banco ha tenido déficit o superávit en un día de nuestro dinero, porque lo sabe debido a que cada persona o empresa, tiene una cuenta corriente ligada a un único banco para sus gastos y ingresos, o por ejemplo una empresa sólo manejaría una cuenta en un banco para estas operaciones, aunque lo puede tener en otros bancos, y transferir dinero de un banco al banco que tiene registrado el dedo, lo mismo que la empresa o el autónomo, que tendría una sola cuenta para ingresos y gastos, para hacerle la contabilidad el ordenador central, pero podría tener otras cuentas para sus beneficios.

Pero para evitarnos el complicar mucho nuestro sistema, habría que hacer que sólo nos diesen tarjetas de crédito en la cuenta que tenemos asociado el dedo, porque así controlo los conceptos de pagos que haga un particular. Aunque se puede hacer un rastreo por todos los bancos de los consumos de tarjetas, y así tener tarjetas de crédito en otros bancos. Habría que pensarlo.

Al cabo de un día, mediante un programa (lo hace el ordenador central casi instantáneamente), va recopilando todos los clientes de un banco con sus transacciones, y da un resultado de déficit o superávit de cada banco en el día.

Si el banco se queda sin dinero en el Bunker y es nacional, se lo puede prestar el banco del propio del país (estaría también en el bunker), que sería muy fuerte con nuestro sistema. Si es internacional, vendrían del extranjero el dinero en furgones blindados, o por avión al bunker, porque puede que momentáneamente en un país pierda dinero el banco y en otro lo gane.

Sería bastante más cómodo que sólo exista un banco estatal, porque nos ahorraríamos todo el trasiego de dinero.

El dinero electrónico es de las personas que tienen sus cuentas corrientes. El banco tendría también su propio dinero debido a que cobra comisiones y hace negocios.

Sección I.19. Las asesorías fiscales y la contabilidad

Con nuestro sistema las asesorías fiscales sólo se limitarían a asesorar, entre otras cosas a hacer estudios económicos, porque la declaración de hacienda la haría automáticamente el ordenador central, ya que todo quedaría registrado. Tampoco harían nóminas, porque eso lo puede conocer el ordenador central y elaborarlas. Ni nos harían el IRPF, ya que nos lo hace el ordenador central.

De tal forma que la contabilidad de la empresa la hace el ordenador central, consultándola nosotros con la WEB del ordenador central, teniendo una clave que nos da hacienda para nuestro negocio particular.

Incluso las amortizaciones las podría hacer el ordenador central, con las correspondientes tablas de amortización, y dándole información de en qué tiempo queremos amortizar un bien, entrando en la WEB de la empresa.

Que la contabilidad la haga el ordenador central es moderno y lógico, porque lo que es absurdo es el sistema de ahora, en que hacemos nuestra contabilidad, lo cual nos lleva un trabajo, que si no lo hacemos nosotros lo hace una Asesoría y nos cuesta dinero, y esa contabilidad la puede revisar hacienda, y no revisa todas, con lo que duplicamos un trabajo, y podemos ahorrarnos gastos nosotros y el Estado al disminuir el personal de la Administración.

Las asesorías fiscales nos podrían asesorar si es conveniente comprar un local, la marcha económica del negocio, en que invertir etc.

Sección I.20. Forma de operar

Todo nuestro sistema se hace vía Internet, comunicándose la máquina de cobrar con servidores; el ordenador central captaría datos de los servidores.

Hoy en día existen teléfonos móviles que tienen Internet, con lo que sería fácil que la máquina de cobrar tenga Internet. Incluso hay teléfonos móviles que leen nuestra huella digital para que sólo el dueño utilice su móvil.

La máquina de cobrar sería como un teléfono móvil, con lo que se podría llevar a cualquier parte. De esta manera un fontanero tiene una máquina de cobrar en sus visitas, con lo cual nunca, si quiere cobrar, puede defraudar a Hacienda.

La gran ventaja en supermercados, bares, o cualquier negocio es que no habría que dar la vuelta del dinero.

Al utilizar Internet, la mayoría de los datos estarían en el ordenador central, ya que los extrae de los servidores. Habría que dotar de rapidez a estos servidores, porque son éstos los que nos van a localizar la huella digital.

Ya hemos dicho que momentáneamente la información estaría en servidores, que una vez llevados los datos al ordenador central, se-rían borrados los datos de estos servidores; menos los datos fijos que definiremos en otra sección.

La máquina de cobrar tendría como registro el CIF del negocio, sea autónomo, o a una sociedad; sean sociedades anónimas, limitadas etc.

La máquina de cobrar nos la daría hacienda, y habría que devolvérsela en caso de cese del negocio. Y sólo a autónomos o sociedades.

Hacienda no nos cobra nada por la máquina o máquinas de cobrar; esto es lógico porque sería ventajoso para los negocios que empiezan. Los gastos los asume hacienda, porque tendría más dinero que ahora, al no haber fraude fiscal.

Sección I.21. El problema de niños y adolescentes y cuando muere alguien

Nosotros los adultos, en la policía, tendríamos ligado nuestra huella a una cuenta corriente de un banco para nuestros gastos. El niño también tiene huella digital, pero habría que controlarles el gasto, por eso hasta la mayoría de edad no los vamos a introducir en el sistema de huellas. Además el tamaño del dedo cambia de tener 7 años a 14 por ejemplo, con lo que sería otra complicación.

El niño tendría una tarjeta similar a las de crédito de los adultos que iría recargando el padre. Esta tarjeta tendrá el registro del padre, madre o tutor, por posibles deudas. Para ello existiría a modo de los cajeros automáticos de hoy en día, unos cajeros en donde el padre o cualquier pariente en primer grado introduce la tarjeta del niño para hacer transacciones de la cuenta corriente del padre o pariente, a la tarjeta del niño. El padre o pariente introduce su huella y la tarjeta del niño; se observa el parentesco en primer grado, si no nadie puede dar dinero al niño. El cajero le cobra por ejemplo el 0,5% del dinero que le transferimos al niño.

Al transferirse dinero al niño, el sistema lo asigna como una transferencia más, que puede ser superior a 50 euros, porque es de un familiar, pero con un tope de 1.000 euros al mes entre todos sus familiares.

En caso de extravío o robo se hace otra tarjeta en hacienda para que el menor pueda seguir consumiendo, o que originalmente tenga 2. Entonces si la pierde, tener una de recambio mientras nos manda hacienda otra.

En todos los sitios donde consuma el menor se le indica la cantidad de dinero del que dispone, para que el menor controle sus gastos. Si no tiene dinero para pagar, se coge información de la cuenta del padre, madre o tutor, y se le transmite a él para pagar y darle más dinero al niño. Pero para que no suceda todo esto al niño se le pide la tarjeta para ver si tiene dinero.

La cantidad máxima de 1.000 euros al mes es debido a que con 17 años puede hacer un viaje con otros adolescentes, necesitando esa cantidad de dinero. Pero se le puede regalar por parte de cualquier miembro en primer grado de su familia cualquier artículo, pagar estudios, comprar ropa etc. Los 1.000 euros son sólo para sus gastos particulares.

La tarjeta tendría que llevar foto para que sólo la utilice él. Se renovarían las tarjetas cada tres años, porque la foto cambia de tener 7 años a tener 10.

Sería conveniente que los niños no utilizasen la tarjeta hasta que tuvieran uso de razón; alrededor de los 7 años de edad. Hasta que tengan 7 años los padres pagarían los gastos de algún producto que quiera el niño, porque no es normal dejar sólo a un niño de menos de 7 años.

Cuando el adolescente viaje a países donde no hay nuestro sistema, se le dará dinero de ese país, porque estas tarjetas son similares a las de crédito, y podrá sacar dinero en cajeros del extranjero que no tengan adoptado nuestro sistema. Pero lógicamente el niño no puede hacer transferencias de dinero a nadie.

Suponiendo que vaya a un país que tenga adoptado nuestro sistema, tendría que admitirse una transferencia de dinero a ese país, por ejemplo utilizando la Western Unión, la cual le cargaría el dinero en su tarjeta de menor que le vale en cualquier país que adopte nuestro sistema, con un código que especifique que es menor, porque éstas tarjetas son comunes a todos los países, y puede operar en todos los países que no tengan la moneda del euro.

Cuando el niño llegue a los 18 años se le hace una cuenta corriente ligada a su huella dactilar; esto se hace primero en un banco con la partida de nacimiento, y haciendo un ingreso de todo el dinero que tiene la tarjeta de menor, la cual queda anulada porque lleva un código de operatividad lo mismo que las tarjetas de empresa (ya hablaremos de ellas), yendo a continuación al departamento de DNI con su cuenta corriente, con la que demostramos que tiene dinero, y el propio organismo del DNI lo lleva a la base de datos del ordenador central con su huella dactilar, la cuenta del banco, y la cantidad de dinero que tenemos en el banco.

Como no tiene de momento profesión, al tener 18 años, se pone de profesión estudiante, a no ser que no estudie y que encuentre trabajo, con lo que sí pondríamos profesión; por ejemplo vendedor, peón, etc.

El ingreso de la huella se hace vía telecomunicaciones por fibra óptica, entre el organismo del DNI y el ordenador central.

En la próxima comunicación del ordenador central con los servidores, se carga a los servidores de todas las personas nuevas; en 10 minutos o menos, según el país, puede utilizar su huella digital. Si trabaja tendrá para sus gastos, si no serian familiares en primer grado los que le harían transferencias a esa cuenta. Lo mismo pasa cuando nos cambiamos de padrón, se rectifica el municipio, calle, piso nuevo y los carnets.

Hay una conexión entre el padrón y el ordenador central para cambiar nuestro domicilio, porque esto es útil como veremos para que sea más rápida la localización de la huella.

En países en que pueda trabajar el menor, la empresa puede cargar la tarjeta del adolescente, previo conocimiento del ordenador central del dueño de la empresa, para que se permita ésta transferencia. Esto se hace llevando la tarjeta y operando igual que su familia.

En un futuro existirían ordenadores que lean la huella digital del padre o tutor, y admita las tarjetas del niño; y éste puede transferir dinero al niño utilizando el ordenador familiar. U otros ordenadores de otros parientes, en el que el ordenador deduzca el parentesco y autorice la transacción de dinero. O también en otro ordenador, porque tendrían los ordenadores programas que deduzcan la huella, poniéndose en contacto con un servidor. Incluso en teléfonos móviles con Internet que hoy en día reconocen la huella dactilar del dueño del teléfono, pero que lean las tarjetas del menor.

Cuando muere alguien se le borra del ordenador central su huella y su relación con los diferentes familiares, así como de todos los servidores, de ésta manera el sistema de búsqueda de la huella es más rápido, y los servidores tendrían menos memoria.

Resulta evidente que en países como Estados Unidos, Rusia, México, China o la India, los servidores tendrían mucha memoria, porque guardarían muchísimas más huellas.

Sección I.22. El problema de un extranjero cuando se queda en un país distinto al suyo

Todo lo resolverían en extranjería. Tiene que incorporarse al sistema de huella dactilar, pero tendría que abrir primero una cuenta en un banco para sus ingresos y sus gastos. A continuación dejarle hacer todos los carnets, tanto el de la seguridad social, como uno especial de identidad, figurando como extranjero.

Todo esto si tiene un contrato de trabajo, o es estudiante. Para abrir la cuenta corriente del banco lo puede hacer sin el contrato de trabajo, pero para solicitar registrar su huella, necesita un contrato de trabajo, o la matrícula de los estudios.

Un menor en el extranjero también puede abrir una cuenta corriente, para que sus familiares le puedan transferir dinero.

Tendrá derecho al paro; una vez agotado éste se le borra del sistema, teniéndose que marchar a su país de origen, porque no podría comprar nada. El dinero que tenga en el banco lo puede transferir en cualquier momento a una cuenta de su país.

Pero todo esto si tiene un trabajo, con lo que el extranjero viene con un trabajo. Si es de la comunidad europea, no es necesario incorporarlo al sistema de huellas de otro país de la comunidad europea, porque el sistema lo localiza diciéndole la persona de que país viene.

En el caso del estudiante, se le borra del sistema de huellas una vez acabado los estudios, a no ser que en un período de 6 meses encuentre trabajo de su profesión. También se le borra si abandona los estudios.

Si es un extranjero que trabaje, tiene que dar información de todos sus familiares al Ordenador Central, para que pueda hacer transferencias de dinero a sus familiares, por esta parte se fuga una mínima cantidad de capitales de cualquier país capitalista, pero poniendo un tope de dinero que mande al cabo de un año, pero dentro de la Comunidad Europea no habría tope.

En el caso del estudiante también tiene que dar datos de toda su familia, para que le puedan transferir dinero a su cuenta.

Sección I.23. Las transferencias de dinero entre personas

Podemos transferir dinero de un banco nuestro asociado al dedo a otro banco de una empresa, para pagar una factura con una clave que es generada por un servidor de nuestro municipio.

Pero que conste que al tener diferentes cuentas corrientes, sólo puedo transferir dinero a la cuenta asociada al dedo, para hacer pagos o ingresos; las otras cuentas serán sólo para transferir dinero a la cuenta asociada al dedo, o a nuestro negocio o sociedad, tanto limitada, anónima, etc; por ejemplo para aumentar el capital de su empresa. Por supuesto en las demás cuentas se puede transferir cualquier cantidad de dinero entre ellas.

Habría una conexión entre el ministerio de trabajo, el cual sabría los contratos de trabajo de las empresas, así como el número de los trabajadores; y el ordenador central pueda permitir transferencias de dinero de una empresa al trabajador.

El salario base lo cobra el trabajador al día y automáticamente. El salario base se puede exceder de un 25% por incentivos o por horas extras. Si se quiere superar, se emplearía el truco de utilizar la tarjeta de la empresa (ya hablaremos a continuación de estas tarjetas). Con todo esto la empresa puede pagarle unas vacaciones a un trabajador que haya trabajado muy bien.

Si son sumas de más de 50 euros al día a una persona que no sea familia en primer grado, no le puedo hacer una transferencia bancaria, el sistema no la admite; pero sí a una empresa. Lo mismo que si una persona física recibe dinero por valor de más de 300 euros al mes o 3.600 euros en un año de diferentes personas, nuestro sistema no le admite que reciba más dinero, porque podrían estar vendiendo droga, a no ser que sea de unos determinados negocios como filatelias, casinos, hipódromos etc., que ya veremos después.

Cada persona, según el registro civil tiene hijos y padres, tíos, sobrinos, que es familia en primer grado, pudiendo transferir hasta 1.000 euros al mes en efectivo entre todos, pero le pueden pagar estudios o cualquier regalo. Si en efectivo recibe más de 1.000 euros habría que pagar un impuesto el familiar que exceda la cantidad de 1.000 euros.

Suponiendo que un menor vaya a un país de diferente moneda, pero que tenga adoptado nuestro sistema, puede utilizar su tarjeta de menor, y se hace un traspaso de dinero a un banco extranjero para que pueda sacar dinero con su tarjeta. Pero la tarjeta del menor sirve para todos los países la misma.

El tope de 1.000 euros es debido a que existe la posibilidad de que haga un viaje a un paraíso fiscal, saque dinero físico y se lo de a otro pariente para que lo meta en un banco de ese paraíso fiscal, con lo cual sería una fórmula de fuga de capitales, y por supuesto el impuesto de más de 1.000 euros al mes que podemos donar al menor, sería lo suficientemente alto para evitar una excesiva fuga de capitales.

Si el menor va a estudiar al extranjero 1.000 euros al mes es suficiente para pasar el mes, pero para el otro mes no tendría dinero, con lo que le hacemos una transferencia bancaria de cualquier pariente, que no supere los 1.000 euros para sus gastos. Estas transferencias están registradas y controladas; puede sacar dinero físico, porque hemos dicho que puede abrir una cuenta corriente en cualquier país; tenga o no tenga nuestro sistema. La matricula de los estudios se paga también por transferencia bancaria.

Pero tiene que haber una conexión entre el registro civil y el ordenador central, de forma que cuando se casan dos personas, queda el parentesco en primer grado y se pueden traspasar de una cuenta de banco del hombre a la mujer y viceversa. Lo mismo entre cuñados, sobrinos, tíos etc.

El registro civil manda información al ordenador central de los nuevos parientes, y éste los carga en todos los servidores del país.

Cuando se divorcia no quedaría anulado este parentesco; siguen siendo sus hijos y sus sobrinos, pero queda prohibido prestarle a su antigua mujer más de 50 euros, lo mismo que la mujer al hombre. Pueden quedar como amigos, pero cara a la ley, queda anulado el parentesco entre el hombre y su mujer. Sí le tiene que dar el dinero que estipule el Juez, pero nada más. Aparte de que no se lo da, si no que se encarga el ordenador central automáticamente de que cobre el que corresponda, y si no tiene el dinero se le embarga, una forma de evitar esto es que lo pague automáticamente al día, lo mismo que el sueldo o la prestación. En estos casos puede cobrar, si no trabaja, una cantidad mayor de prestación.

Todo esto del divorcio se da a conocer por medio del registro civil al ordenador central. Pero a sus sobrinos, parientes en primer grado, les podemos pagar hasta 1.000 euros al mes, a la mujer no, al estar divorciados, pero sí el dinero que estipule el Juez, por ejemplo 1.000 euros. O en caso de millonarios mucho más dinero, incluso mucho más de 1.000 euros a la mujer o al hombre sin aplicarle ningún impuesto.

Para parejas de hecho las cuales conviven juntas, se admite que se presten cualquier cantidad de dinero, pero no para familiares de la pareja porque legalmente no tienen parentesco.

Sección I.24. El control del sistema PAYPAL y otros sistemas de Internet

Habría que hacer un control del sistema PAYPAL, que es tener tu correo electrónico asociado a una cuenta corriente, para pagar a otro correo electrónico, el cual también está sujeto a una cuenta corriente. Yo sólo conozco la dirección de correo electrónico de quien quiero recibir dinero o enviarle dinero, pero no su banco. Es un sistema de pago por Internet más seguro que las tarjetas de crédito, pero es caro; un 4%.

Todas las compras y ventas por PAYPAL las tiene que conocer el ordenador central, para hacer la contabilidad. En nuestro banco en donde tenemos nuestra cuenta de PAYPAL, tienen la obligación de subir todos nuestros ingresos y gastos de PAYPAL a servidores, para que lleguen al ordenador central.

Puede haber alguien que esté vendiendo ropa sin licencia fiscal por medio de este sistema. Las cantidades que al cabo de un mes superen los 300 euros, no las admite el sistema, con lo que nos ahorramos la investigación. Puede seguir la gente vendiendo sus películas descatalogadas, revistas etc. Para cantidades mayores de 300 euros al mes se tendría que constituir una empresa legal.

En sistemas como La Western Unión, sólo se puede mandar dinero a familiares en primer grado si superan los 300 euros al mes, con lo que tendrían que dar información los extranjeros de toda su familia. Podríamos mandar dinero por medio de La Western Unión a una empresa que le queremos comprar algún artículo. También controlaríamos a la Western Unión, subiendo sus pagos y cobros a un servidor.

En los sistemas de pago por Internet operaría como hasta ahora con tarjetas de crédito, que el ordenador central conocería. Por eso todo el sistema actual de tarjetas de crédito funcionaría como ahora.

Sección I.25. Cómo funciona el sistema de pagos hecho por el dueño, empleado de una empresa, o autónomo

Sería otro problema. ¿Cómo opera una gran empresa, una pequeña o un autónomo?, porque los empleados tienen que tener algún sistema para pagar en nombre de la empresa. Esto también existiría en los empleados de los ayuntamientos, políticos etc.

Hacemos lo mismo que en el caso del niño, empleamos tarjetas, pero estas tarjetas están asociadas a una cuenta corriente del negocio, diferente a la que tenemos asociada a la del dedo para nuestros gastos, tanto para autónomos como empleados de una empresa.

Para pagar utiliza la tarjeta, y ésta contiene información de la empresa, con el CIF de esa empresa, para hacer las transacciones de dinero; es como si fuese un dedo virtual, con la diferencia de que habría gastos deducibles. Sólo necesita el CIF, porque los servidores conocen la cuenta corriente del banco de la empresa.

Aquí a diferencia de la tarjeta del niño, la tarjeta no tiene dinero, sino información del CIF de la empresa.

Al abrir un negocio o cualquier empresa, hacienda comunica al ordenador central el alta de la empresa o negocio.

Hay que tener previsto un sistema de que al empleado no le roben la tarjeta. Lo que se hace es incorporar una foto del empleado en la tarjeta, con lo cual si nos la roban no coincidiría la foto del empleado con la del ladrón, con lo que el del establecimiento no le sirve. O en vez de foto, que sería más cómodo, la firma que se puede controlar que sea cierta, tal y como hacen ahora algunos bancos con una máquina. O mejor aun: que la tarjeta contenga la huella dactilar del empleado, siendo la máquina de cobrar la que la examine si es cierta.

También hay que tener previsto que el empleado encargado de cobrar recibos sea despedido, o se le acabe el contrato y no se lo renueven; o también que la pierda, pues se le hacen dos, a similitud de las llaves del coche, pero lo lógico es que sólo lleve una encima, y cuando la pierda o la extravíe, mientras le den otra utilice la segunda. Ambas tarjetas, la original y la supletoria tienen el mismo código, de tal forma que cuando le despidan se anularían las dos.

Volviendo al caso de que le despidan, estas tarjetas, que las daría hacienda, llevan un código que diga si la tarjeta es operativa o no. Si se le cesa, hacienda le pone un código que desactive la tarjeta, una vez presentado el documento de despido. También queda anulada en el caso que cometa un delito. Con lo que se deja sin operar o se destruye. Se destruye en caso de delito, en los demás casos no se destruye, porque puede quedar admitido otra vez, y en vez de hacerle otra tarjeta se pone operativa la antigua, porque hay sitios, por ejemplo en el verano, en que la gente sólo trabaja por el verano y cada verano, por ejemplo los camareros de zonas turísticas.

Lo mismo ocurre con las tarjetas que utiliza un autónomo para pagar, porque el autónomo tiene cuentas bancarias propias (sólo una asociada al dedo) y una del negocio, pero en nuestro sistema sólo opera con la que tiene declarada para su negocio; los demás gastos ajenos al negocio los haría con su dedo.

Una vez dado de baja el negocio, es obligatorio avisar a hacienda para que hagan la tarjeta no operativa, lo mismo para el autónomo y el empleado de la empresa. La forma de dejarla sin operar es dándole el número de la tarjeta a Hacienda, con todos los datos personales y el código, y Hacienda informa al ordenador central y carga ésta información en todos los servidores del país. También tiene que devolver la máquina de cobrar para que la pueda utilizar otro negocio reprogramándola, pero se manda la máquina de cobrar por correo, o nos podemos desplazar a la oficina de Hacienda de nuestra ciudad; si es un pueblo la mandamos por correo.

Para que hagan la tarjeta sin operar no hace falta que nos desplacemos, si no que informamos por Internet, tal y como se hace ahora con la banca electrónica, por correo electrónico digitalizando el documento de despido en un fichero, o por FAX el documento de despido. Habría en Hacienda gente que informe al ordenador central de que la tarjeta deje de estar operativa, y quitarlo como trabajador en el ministerio de trabajo, con lo que la empresa no puede hacerle transferencias de dinero correspondiente a su sueldo.

Las tarjetas de empresa serían válidas en países extranjeros donde tengan nuestro sistema. Para ello tendría un CIF internacional añadiéndole el código de nuestro país. Sería útil para pagar la gasolina, la comida, el hotel etc; de un ejecutivo que vaya al extranjero, porque estos gastos serían deducibles.

Si va a un país donde no tengan adoptado nuestro sistema no se puede deducir ningún gasto, ni tampoco sacar dinero físico con la tarjeta de empresa, con lo que la tarjeta de empresa no nos sirve para nada. Pero sí le puede servir para deducir gastos la tarjeta de crédito de la empresa, porque en su banco quedan reflejados los conceptos, por ejemplo de hotel, y al enviar el banco conceptos de la tarjeta (en el sistema sofisticado) al ordenador del municipio, llega al ordenador central la cantidad deducible.

Sección I.26. Cómo opera la banca

La banca operaría igual que ahora. No hay dinero físico en el banco, pero sí en el Bunker donde están todas las delegaciones centrales de todos los bancos que operen en el país.

Las oficinas bancarias, a pesar de que no tienen dinero físico, pueden dar préstamos a una cuenta corriente, porque sería dinero electrónico.

La gente seguiría pagando su hipoteca a través del banco.

La bolsa operaría igual, suben y bajan los distintos valores en base a dinero físico que está en el bunker.

La banca funciona como otra empresa más, con la distinción de que sí tendrían en el Bunker dinero físico, cuestión esta que otra empresa diferente no.

En caso de duplicación de la tarjeta de crédito, funcionaría como ahora; el banco nos restituirá a una nuestra cuenta parte del dinero defraudado. Si nos la roban se anula como ahora.

Sección I.27. Cómo opera un extranjero

Otro problema sería como opera un extranjero que viene a nuestro país de turismo.

En un principio lo que había pensado es que el sistema sería en todo el mundo, o para 25 o 30 países con una renta per cápita alta. Se podría poner para muchos países, siempre y cuando la máquina de cobrar pudiese elegir el país, de forma que contactaría con un servidor del correspondiente país, aunque tenga diferente moneda.

En el país que visitemos y tenga nuestro sistema quedan registrados los pagos que haga en ese país, y como diremos al hablar de la contabilidad llevaría un código para que no se crucen estos gastos, porque la contabilidad de otro país no nos interesa.

Si el país del que viene el extranjero no tiene nuestro sistema, utilizaríamos una tarjeta de débito o de crédito, porque vamos a obligar a todos los negocios a cobrar por éste sistema en países que adopten nuestro sistema.

Este sistema de cobros de las tarjetas de débito o de crédito va por GPS y por canal satélite, lo hace entrando en una central de tarjetas de crédito alimentada por los bancos. Pero puede estar a miles de kilómetros, pero el cobro es casi instantáneo, introduciendo nosotros el código de la tarjeta.

Todo esto es muy ventajoso para países de mucho turismo como son Estados Unidos, Francia, España o China.

Sección I.28. El problema de los pobres o indigentes

Los pobres no existirían, con lo cual no tendríamos que dar limosnas; lógicamente el pobre no tendría máquina para cobrar, de existir los pobres.

En un futuro, la mayoría de los pobres serán o alcohólicos o padecer alguna enfermedad mental. En nuestro sistema estarían cuidados en albergues, que hay que tener una humanidad, y con una prestación para sus gastos.

Sección I.29. El carnet de identidad

Caso de no llevar el carnet de identidad, la policía tendría una máquina que nos lea la huella digital, con lo que saldría nuestra foto y nuestro nombre.

Es importante porque en nuestro sistema se pueden hacer pagos, tanto con el carnet de identidad, que tiene un chip, como el de conducir o el de la seguridad social.

Pero ese chip tiene una información común que es nuestro CIF internacional, tanto para el carnet de identidad, conducir y de seguridad social, de tal forma que los pagos de esta modalidad, la máquina de cobrar sólo tendrá un botón único, que admitiría el pago de cualquiera de los 3 carnets.

La máxima utilidad es para la gente que no tenga manos, porque en países de menos de 90 millones de personas no se necesita hacer el pago por esa modalidad. En otros países como Rusia, Estados Unidos, China, México o la India, si que sería útil este sistema de pago.

Sección I.30. Que nosotros viajemos al extranjero

Esto de viajar al extranjero puede ser un problema. Necesitamos dinero del otro país. Pero no lo podemos utilizar en nuestro país. Con lo que la solución es que en países donde no se adopte el sistema, haya cajeros que pueda sacar dinero físico, en moneda de ese país, con una tarjeta de crédito.

Si es un país donde adopten el sistema, pero que tengan diferente moneda, tiene que haber en ese país en todos los negocios sistemas de cobrar por tarjetas de débito o de crédito, lo mismo que lo dicho para extranjeros que visiten nuestro país.

Es muy conveniente que haya cajeros en los aeropuertos del extranjero, o en los hoteles, así nada más llegar al país extranjero sacamos dinero físico de ese país que no tenga adoptado nuestro sistema. En el extranjero nos cobran un 2% por darnos dinero físico, el 1% para el dueño del cajero y el 1% para el Gobierno del país extranjero que visitemos.

Si hacemos un viaje, por ejemplo a Brasil desde Estados Unidos, en el avión podemos hacer gastos con la tarjeta de crédito en una máquina especial que no nos cobra al instante, pero las azafatas descargarían todos nuestros datos una vez llegados al destino. Exactamente igual pasaría en los barcos. Y no habría problemas de impagados, porque se supone que si viajamos al extranjero es porque tenemos el suficiente dinero para viajar, y los gastos del avión son ínfimos. Todo esto suponiendo que el sistema GPS de cobro por tarjeta de crédito no funcione en aviones o barcos, porque puede interferir los sistemas electrónicos del avión o el barco.

Sección I.31. El contrabando

Si un producto viene del extranjero, éste queda registrado de que empresa extranjera viene. Esto lo tiene que controlar Aduanas y cobrarle los correspondientes aranceles.

No pueden por ejemplo traer tabaco de contrabando, porque sólo se puede vender en tabacaleras o bares, con lo que un policía se puede dar cuenta, o también que gane más del rendimiento máximo estipulado por hacienda. Todos los productos de contrabando harían que superemos los rendimientos máximos, sólo sería en cantidad ínfima.

En el sistema sofisticado nos controlaría el stock, con lo que todas las ventas y compras estarían controladas, por lo que sería más difícil el contrabando.

Tampoco el contrabandista tiene máquina de cobrar, o la puede tener de otro negocio con lo que se le puede estudiar los conceptos, porque todo está registrado, y puede exceder de los rendimientos máximos. Habría un contrabando mínimo. Como en el caso de las drogas, a ambos tipos de delincuencia no les interesaría nuestro país.

Sección I.32. La doble nacionalidad

En caso de que el sistema se haga en varios países, y alguien tenga la doble nacionalidad, tendrá su huella en los dos países, asociados a dos cuentas corrientes de cada uno de los dos países, con lo que el ordenador central de cada país hace la declaración automáticamente, una vez al año, nosotros no tenemos que declarar nada, porque todos los datos los conocen los respectivos ordenadores centrales.

CAPITULO II

Reacciones al sistema

Sección II.1. Las personas que no estarían de acuerdo con nuestro sistema

Los políticos no querrían el sistema, porque apenas habría corrupción política ya que no pueden robar, hacer facturas falsas, ni financiarse ilegalmente los partidos políticos.

Habría que preguntarle a un psiquiatra cómo reaccionaría la gente a este sistema.

Los ladrones no existirían apenas; a las señoras les pueden robar el bolso, pero no tendría dinero. Aunque les pueden robar el reloj, joyas u otras cosas de valor.

Las cárceles estarían vacías, porque apenas habría delitos. Únicamente estarían psicópatas, asesinos, vagos, ladrones y emigrantes ilegales que no sepamos el país de donde vienen.

Los terroristas no estarían de acuerdo con el sistema, porque no se pueden financiar.

Los asesores fiscales tampoco estarían de acuerdo, porque se ve mermado su trabajo, porque sería todo automático.

Los drogadictos tampoco estarían de acuerdo con el sistema. No se drogaría nadie, porque no habría forma de venderla.

Un inmigrante ilegal sería un esclavo por lo que estaría en contra del sistema.

A los banqueros, cuyos bancos estarían muy controlados, no les interesaría el sistema.

Las personas contratadas por la Administración tampoco estarían a favor del sistema, porque vamos a eliminar a muchas.

Tampoco les convendría nuestro sistema a las empresas que se dedican al pago de morosos, porque el sistema funciona con dinero y sin apenas deudas.

Como se puede ver el sistema no interesa a gente, excepto aseso-rías y pago de morosos, que no cumplan la ley. Y toda ésta gente que no le interesaría nuestro sistema tiene mucho poder, tanto económico como político. En países muy corruptos es una utopía, pero no en otros muchos.

Sección II.2. Las personas que estarían a favor de nuestro sistema

El que estaría de acuerdo con el sistema sería el trabajador honrado, porque los impuestos disminuyen, y apenas habría delincuencia.

A los pequeños negocios también les convendría porque pueden hacerle la competencia a las multinacionales o grandes empresas, supermercados etc; ya que desde hace años han desaparecido, por ejemplo, las tiendas de barrio de comestibles.

Los jóvenes estarían de acuerdo porque habría más trabajo con los años o cobrar la prestación.

Podría haber más dinero para la investigación, con lo que nuestros talentos regresarían a nuestro país, con lo que los números uno de las carreras universitarias les interesaría mucho nuestro sistema.

También les interesa a los parados porque en nuestro sistema todos cobrarían un dinero.

A los que si interesa este sistema son a la casa de electrónica que realizaría este sistema, porque obtendría mucho dinero con las máquinas de cobrar.

Habría que cambiar de mentalidad, cuestión ésta que intentó mucha gente a través de la historia. En países como Estados Unidos, Suecia, Noruega, Dinamarca, Francia etc; ésta mentalidad de la honradez política ya la tienen asimilada. En esos países tendría mucho éxito, y como se lo están pensando en Suecia, Dinamarca y Noruega, debería ser en los primeros países en los que se haga nuestro sistema. Pero ya hemos dicho que sorprendentemente en el primer país donde dicen que se implanta es en Venezuela, que no existe la democracia.

Un país que creo que les podría interesar mucho implantar el sistema es Francia, porque los ricos han dicho la mayoría que se solidarizan con la situación del país, y no les importaría que les subiesen un poco más los impuestos. De hacerse en Francia y otros países de la comunidad Europea se haría también en España, Italia o Grecia que son los más corruptos de la Unión Europea, y sería el sistema del libro una utopía

CAPITULO III

La Tecnología

Sección III.1. Las máquinas de cobrar

Las máquinas de cobrar tienen que emitir una factura, con lo que tendrán que llevar teclado y una pequeña impresora para escribir la factura. El teclado puede ser como el que utilizan en los teléfonos móviles; en pantalla. Se podrá escribir el concepto y el precio.

Por ejemplo un fontanero tendría un programa específico, en su máquina de cobrar, por códigos de las piezas, y vamos escribiendo el concepto hasta dar con el adecuado. Nosotros siempre podemos grabar un nuevo precio, diferente al que nos sugiere que está grabado en la máquina que nos da hacienda, pero ajustándose a unos rendimientos máximos.

Resulta evidente que dependiendo de la actividad del negocio, las máquinas de cobrar tendrán programas diferentes, a pesar de que la máquina, en muchos casos, sea igual. Se actualizan las piezas nuevas por Internet; como nos actualiza el sistema antivirus, y esto para cada profesión diferente.

También tendrían que leer códigos de barras como el EAN, que leería conceptos de la caja; por ejemplo en una ferretería; y sólo le tenemos que escribir la cantidad. Pero en el caso del fontanero no puede leer el código EAN en todas las piezas, en un grifo por ejemplo sí, por eso teclea el concepto hasta dar con el adecuado. Funciona de forma semejante a cuando tecleamos en google, salen palabras y elegimos la que buscamos.

La impresora sería pequeña, y emitiría un tique con el CIF de la empresa, los conceptos de la factura y nuestro CIF, o nuestro DNI si es la factura para un particular.

Todo el funcionamiento de los camareros se puede hacer de muchas formas; como asignación de mesas, o sistemas con lo que se puede cobrar lo que otro camarero sirvió, conectándose entre sí todas las máquinas de cobrar.

También tendrá obligatoriamente el negocio la máquina que tiene el sistema GPS de cobros por tarjeta de crédito o de débito.

Al llevar un programa la máquina de cobrar, similar a los existentes en las cafeterías de ahora, deduce la consumición, con lo que no tiene que escribir el concepto.

En muchos negocios no hace falta que se tenga una máquina registradora para saber la caja que se ha hecho, porque se puede entrar en la contabilidad de su negocio por Internet, con un simple teléfono móvil que tenga Internet.

El empleado nunca le puede robar al empresario.

Al poner el cliente el dedo, o la tarjeta de la empresa, automáticamente se incorpora el CIF o DNI del cliente, su nombre. Si pagamos con la tarjeta de empresa, puede ser una comida que sí sería un gasto deducible para la empresa, por ejemplo cuando un trabajador se desplaza. Pero no en un sábado o un domingo para un trabajador normal, porque puede tener la malicia de usar la tarjeta de la empresa por vacaciones o un sábado o un domingo y para no complicar mucho el sistema, a pesar que puede que esté trabajando un sábado o un domingo, el sistema interpreta que es un gasto no deducible, con la correspondiente riña del empresario caso de no estar trabajando en sábado o domingo.

Si queremos complicar el sistema, la empresa tiene que dar información al ordenador central de cuando un trabajador coge vacaciones, para dejar sin operar en ese intervalo de tiempo la tarjeta de la empresa. O ciertas profesiones que trabajen los fines de semana, como los camioneros, que deduzcan ciertos gastos del sábado y domingo.

Sección III.2. Las facturas

La factura nos la traen hecha en papel e internamente en la máquina de cobrar, con todos los conceptos y el importe total de ella, para que la admita el cliente.

Una vez que la hemos pagado con la tarjeta de la empresa o negocio, sale impresa y se ve que es la misma que la que nos traía escrita, con los mismos conceptos y el precio total. El resto es subirla a servidores.

La podemos guardar, pero no es necesario, porque la podemos consultar por Internet entrando en la WEB de nuestro negocio donde viene la contabilidad. Se podría guardar en el caso de que no la hubiésemos pagado, pero el ordenador central también sabe las facturas que no hemos pagado, con el correspondiente código para efectuar el pago, con lo que la consulto también.

Las grandes superficies tendrán sólo una cuenta, dividida en subcuentas, como la Hacienda pública. Esto es muy cómodo para nuestro sistema, porque la contabilidad de una multinacional que opere en nuestro país, la hace con una única cuenta de gastos e ingresos, pero lógicamente la multinacional en otros países tendrá otras cuentas bancarias. En nuestro país podrá tener otras cuentas para sus beneficios.

Sección III.3. Las diferentes máquinas de cobrar

Estas máquinas que hemos descrito son para la generalidad de los negocios, menos en filatelias, hipódromos, loterías etc; en los que la máquina nos pague a nosotros.

En todos aquellos negocios en los que tengamos que cobrar por medio de nuestro dedo, la cantidad a cobrar puede superar los 300 euros, por ejemplo una filatelia a la que vamos a venderle nuestra colección de sellos, porque llevan un código todos los pagos para hacerle la contabilidad a la filatelia.

En estas máquinas también tienen que tener un sistema para pagar a un extranjero en cuyo país no tengan adoptado nuestro sistema, por ejemplo por medio de la máquina de cobrar por tarjeta de crédito o de débito. Esta máquina se puede diseñar que aparte de cobrar a las respectivas tarjetas, también nos pague.

Habría otro tipo de máquinas para que en otros negocios nos puedan pagar a 30, 60, 90 o más días que tengan pactadas ambas partes. Tendrían un botón especial donde se indica el número de días en que el ordenador central la cobre automáticamente. Si no tiene dinero cuando el ordenador central la cobre, se avisa a la empresa para que aumente su capital mediante un notario, dándole un plazo de un mes; y si no es así se le embarga.

Sección III.4. La cantidad de máquinas en un mismo negocio

No hace falta que sea una única máquina para cada negocio. Por ejemplo las grandes superficies tienen muchos centros de cobro.

Se pide a hacienda el número de máquinas que requiere el negocio. Pero todas estarían interconectadas unas con otras, con el sistema informático en red del negocio.

Sección III.5. Cómo llegan los datos de la máquina de cobrar

Los datos de la máquina de cobrar llegarían al ordenador central por medio de Internet, subiéndolos a servidores por satélite, y el ordenador central recoge todos los datos de los servidores.

Hace 20 años, cuando llegó Internet, tendríamos la necesidad de conectar las máquinas de cobrar por Internet, con lo que se hubiese desarrollado la tecnología existente hoy en día, con lo que nuestro sistema se podría haber hecho desde la llegada de Internet; pero sería más lento que ahora.

Sección III.6. El ordenador central y los servidores

Como ya dijimos, el ordenador central tiene que ser un ordenador muy rápido, porque el flujo de datos que llegaría a él sería enorme. Sería el mejor del mercado como habíamos dicho, sobre todo para países como Estados Unidos, Rusia, México, China y la India.

Todo se haría con servidores como funciona todo el Internet en sí. Estos servidores estarían en sitios seguros como Ayuntamientos, casas de cultura, centros de estudios, colegios públicos u otros organismos; en sitios donde hubiese vigilancia para evitar sabotajes.

Si se estropea un servidor se arregla o se cambia y la información llegaría a otro servidor. Pero serían servidores propios del sistema. Todos los servidores del país estarían conectados por fibra óptica.

La máquina de cobrar mandaría al servidor más próximo nuestra huella junto con el importe total de la factura, y éste localizaría nuestra cuenta corriente; lo hace a modo de cómo operan los teléfonos móviles con Internet; la diferencia es que el móvil coge un servidor que se comunica con el servidor que tiene la página web, por eso tarda más que nuestro sistema, porque además tiene que bajar mucha información; lo hace vía satélite; sólo que en nuestro sistema, una vez localizada la huella, nos tiene que enviar el dato del dinero que tiene apuntado en el servidor para autorizar los pagos, nuestro nombre y DNI, o CIF si es una empresa.

He visto móviles con Internet que van muy rápido sin estar conectamos a una red Wifi, pero a veces no tienen cobertura, con lo que obligaríamos a todos los negocios a tener una red Wifi.

Sección III.7. Trucos para mejorar el sistema

No nos conectarnos directamente al banco. Aparte de que si nos conectásemos al banco, el propio banco se tendría que conectar al ordenador central, con lo cual serían dos conexiones, y no sería un sistema muy inteligente.

La realidad es que al final del día, sí nos conectamos con todos los bancos para hacer un volcado de información, que sería útil para las consultas de las personas que no tengan Internet.

Para que el sistema fuese más rápido cada servidor tendría todas las huellas de la gente de más de 18 años del país, y nos ahorraríamos la conexión entre el servidor y el ordenador central cada vez que se hace un pago.

Otro truco informático sería: como generalmente la mayoría de las personas va al mismo supermercado o a los mismos bares, dotar a las máquinas de cobrar de suficiente memoria para guardar nuestra huella y el registro del servidor, con lo que ahorramos al servidor de hacer búsquedas de las huellas; sería como pagar con cualquier tipo de carnet, y es más rápido porque el servidor no busca, va directamente con él código del DNI Internacional. La máquina de cobrar guarda la huella y el DNI, pero no el CIF de la tarjeta de la empresa ya que con ésta va directamente a cobrar con el código CIF internacional.

Esta idea hay que precisarla más. En un principio se pone una base de clientes de los que sólo hayan entrado una vez al negocio, con lo que si consume más de una vez en un día tenemos su DNI. Si no vuelven en 2 meses se le borra de esa base de datos. Si han entrado 3 días distintos los llevamos a la zona de clientes, que es donde hacemos la consulta de la huella dactilar por medio de la máquina de cobrar, que lo haría más rápido que un servidor, porque tiene que consultar menos huellas. Si dejan en 2 meses de entrar, la máquina de cobrar asimila que ha dejado de ser cliente habitual, o que se ha muerto, y lo borra automáticamente de su base de clientes. Pero siempre busca primero por la gente más habitual siendo la búsqueda más rápida.

Sección III.8. El sistema robot del ordenador central

El sistema robot del ordenador central actualiza la información de los servidores.

Si tenemos por ejemplo al empezar el día 1.000 euros en el banco que tenemos ligado nuestro dedo o nuestro negocio, hacemos un gasto por ejemplo de 10 euros; lo contabiliza un servidor; el servidor admite el gasto porque 10 euros es inferior a los 1.000 euros que teníamos al principio del día, quedando en ese servidor el gasto y 1.000 euros que teníamos en el banco. Al que le hemos hecho el pago, en el servidor queda la cantidad de dinero que tenía y el ingreso.

Si nos movemos por otros sitios habrá servidores que no tienen contabilizado ese gasto. Pero grabamos ese otro gasto que hacemos en otro servidor.

Con el sistema robot del ordenador central en cuestión de poco tiempo hemos bajado todos nuestros gastos al ordenador central. Por ejemplo si en 10 minutos hemos gastado 30 euros, queda en todos los servidores del país la cantidad de 970 euros. Esto lo llamaremos refresco.

También comprende el refresco todas las transferencias sean del tipo que sean, la incorporación de huellas nuevas, cambio de domicilio y borrado de fallecidos.

Por vía satélite la velocidad máxima de transmisión son 8 megabytes por segundo, por cobre 1 Gigabytes por segundo y por fibra óptica 10 Gigabytes por segundo.

La información que ocupa un gasto o un ingreso es la siguiente:

4 Bytes: El número de factura del negocio correspondiente.

4 Bytes: La fecha (1 byte el año, 1 byte la hora, 1 byte el minuto, 1 byte el segundo)

4 Bytes: El código que genera el servidor del municipio para que se pague la correspondiente transferencia.

1 Byte: El código del gasto del extranjero para que no se cruce ese gasto en el sistema de contabilidad.

4 Bytes: La cantidad de la factura.

4 Bytes: La cantidad de gasto deducible.

1 Byte: El código del plan general contable.

6 Bytes: Por el DNI o CIF Internacional, cuatro por el número y uno por el código numérico del país correspondiente, y otro por la letra en forma numérica, para que sea el registro del servidor.

1 Byte por el código numérico del IVA correspondiente u otro impuesto si es otro país que no sea de la comunidad europea, con lo que el ordenador central deduce la cantidad del impuesto.

2 Bytes: Por el número de días en los que se tiene que pagar la factura.

1 Byte: Por el número de plazos en los que se paga la factura.

Son en total 32 Bytes, con lo que un gasto o un ingreso, ocupa muy poca información.

Para que el lector se de cuenta de la velocidad de la fibra óptica serían 312 millones de gastos o ingresos por segundo. Como hay duplicación, porque sería un gasto y un ingreso, serían 156 millones de facturas por segundo. Esta cifra es si ocupamos toda la fibra óptica, lo cual no es normal. Hay fibras ópticas que tienen una velocidad de 200.000 kilómetros por segundo, 200 veces más rápida que el cable de cobre. Conectaríamos todos los servidores por éste tipo de cable.

Dada la velocidad del ordenador central y la fibra óptica, el refresco se puede hacer en menos de 4 minutos para Francia, Argentina, Colombia, Venezuela, España etc (unos 10.000 servidores a una distancia media de 500 Km de conectar el ordenador central con el servidor, el servidor envía los nuevos datos al ordenador central, el cual envía al servidor la información actualizada; 3 conexiones; en total 1.500 Km, y el ordenador central lo hace en décimas de segundo) o en menos utilizando ordenadores intermedios; ya hablaremos de ellos.

Sólo utilizaremos la vía satélite para la conexión entre países.

Siguiendo con el ejemplo del gasto de 30 euros; el ordenador central sabe la cuenta del negocio por el CIF internacional, y lo tiene asignado como ingreso en donde hemos gastado, y se lo transmite al banco donde hemos realizado el gasto una vez al día, con lo que al cabo del día el banco sabe todos los gastos totales de un día, y nos lo anota en la cartilla una vez a la semana, pudiendo consultarlo vía internet. Nos anota el gasto que hemos hecho. Hay duplicidad de datos, el gasto y el ingreso.

Sección III.9. Truco de cómo localizaría el servidor nuestra huella dactilar

Estaría estructurado por calles, después por ciudad y a continuación por provincia, y si no lo encuentra va a otras provincias más cercanas.

Por ejemplo, si el negocio está en una calle, primero ve las huellas de esa calle, porque generalmente vamos al bar de la calle, o al supermercado, o a las tiendas de nuestra calle. Si no localiza nuestra huella en la calle mira en todo el pueblo, ciudad, o en calles próximas al negocio. Si sigue sin encontrarlo va a pueblos más cercanos. Al no encontrarlo en nuestra provincia, va a las provincias más próximas. Por eso no tiene que buscar en todas las huellas que tenga el servidor. Es una forma muy inteligente para personas que estén empadronadas en zonas próximas al negocio; el servidor tarda centésimas de segundo y puede atender a otras personas.

Sección III.10. La huella dactilar

La huella dactilar se puede hacer con una resolución de 1.024 x 1.024 bit y sería como una foto digital, creo que sería suficiente, y en el dedo indice. Serían 128 x 128 bytes, siendo muy poca información la que se envía de la huella al servidor, unos 0,00016 Megas, cuando están saliendo ahora móviles muy rápidos en Internet, con lo que la subida sería instantánea.

Sería un sistema de 0 y 1, 0 si no hay huella y 1 si la hay. Si no le coincide pasa a la siguiente huella del servidor. Esto lo hace muy rápido el servidor.

La máquina de cobrar tiene que coger la huella de forma parecida a la policía al registrar nuestros datos, centrándose en un cuadrante; con lo que este programa ya está hecho.

Pero para la gente que tenga curiosidad por el mundo de la informática voy a explicar cómo lo haría yo. El dedo indice, como cualquier dedo, tiene una zona que es más ancha que el resto del dedo, entonces la máquina de cobrar coge la línea más ancha, que es donde hay un 1 más extremo (hay huella), el cual se localiza mirando en perpendicular esa matriz cuadrada de 1.024 x 1.024 bits, la cual tiene zonas en que no hay dedo; pero si coge el extremo. La huella que va a comparar tiene también una zona ancha, que es lo primero que analiza en el servidor. El servidor sí sabe la parte más ancha de su base de datos de huellas, es un dato fijo, para ahorrar tiempo.

Ese cálculo de la zona más ancha la hace la máquina de cobrar, para ahorrarle tiempo al servidor, y lo hace de forma instantánea, mandando la huella y el sitio más ancho, y por supuesto el coste de lo que consumimos.

Una vez que el servidor recibe la huella, analiza parte de la zona horizontal más ancha, comparando la huella que ha llegado al servidor, con las que tiene en la base de datos el servidor. Si no coincide parte de esta zona horizontal, se va a otra huella. Si coincide toda la zona horizontal, se va hacia arriba a comparar la siguiente línea y si coincide hacia otra, así sucesivamente hacia toda la zona de arriba y hacia abajo hasta confirmar la huella.

Le daríamos un 95% de acierto en cada línea. Lo hace rápido porque si en los 10 primeros coinciden menos de 7, va a otra huella, con lo que no tendría que examinar los 1.024 puntos que hay en la zona más ancha, o si de 5 coinciden sólo 2, iría a otra huella, por eso es tan rápido. Esto del 95% sale en series de televisión como el CSI; con lo que que está todo esto hecho como hemos dicho; supongo que emplearán sistemas parecidos al que yo he descrito.

Sección III.11. Que sucede una vez localizada nuestra huella

Una vez localizada la huella, en el tique viene nuestro nombre y no se puede equivocar, sólo en caso de que se equivoque le damos cualquier carnet, pero esto lo veo imposible de que se equivoque, porque no hay dos personas con la misma huella.

Si el nombre que figura en el tique no coincide con el de él, le pedimos cualquier carnet (identidad, conducir, seguridad social), y procedemos al pago por un carnet, en sustitución del dedo mandando una orden que anule el cobro anterior.

En ésta posibilidad nueva, los servidores con un botón de la máquina de cobrar van directos al código que tiene el carnet.

Si no nos localizan es como habíamos dicho que somos inmigrantes ilegales. Si estamos sin identificar, en cualquier país llama el del negocio a la policía.

Sección III.12. Cómo sería en otros países de más de 90 millones de habitantes

En países de menos de 90 millones de habitantes sería igual que lo relatado anteriormente. En China, India, Estados Unidos, México, Rusia, Japón, se haría con ordenadores intermedios de cuadrados de unos 200 Km de lado que captarían datos en continuo de los servidores de esa zona, y se comunican con el ordenador central, el cual hace el refresco en escaso tiempo, comunicándose con los ordenadores intermedios; éstos se comunican con los servidores de su zona, quedando gravado en éstos el dinero que disponemos.

En países que no se quiera que todos los servidores estén conectados por fibra óptica, también utilizaremos ordenadores intermedios, pero sólo en pequeños como Bélgica, Holanda, Luxemburgo, Guatemala etc.

La opción de usar ordenadores intermedios en países como Francia, Alemania etc, es muy mala porque los ordenadores intermedios llevarían mucha información, sobre todo en horas de mucho consumo al ordenador central, y haría que la fibra óptica no se podría emplear para otras cosas, con lo que tendríamos que emplear una fibra óptica exclusivamente para nuestro sistema, con lo cual no nos sirve la fibra óptica que hay puesta; sería un mayor coste para ganar un tiempo que no interesa en los países citados.

En ciudades de algunos países de Europa y América hay diferentes fibras ópticas dependiendo de asociaciones de compañías, utilizamos para nuestro sistema, en las ciudades, cualquiera de éstas asociaciones, pero una vez llegado al edificio, dentro de él es única, y compartida con cualquier compañía que instalemos el teléfono o el Internet.

En carreteras el coste sería pagado en parte por éstas compañías

En Colombia, Ecuador, España etc, sí se podrían utilizar los ordenadores intermedios porque las distancias no son muy grandes, tendrían relativamente pocos servidores respecto a otros países, y todo el sistema llevaría menos de 1 minuto, con lo que la fibra óptica de los ordenadores intermedios no llevaría excesiva información.

Dado el coste de autopistas, AVE, Aeropuertos etc; el coste de todo nuestro sistema sería una nimiedad en comparación con las citadas. Conclusión, cablearemos todo el país con fibra óptica. Y tiene la ventaja de comunicarse rápidamente con otros países.

El sistema para Estados Unidos u otro país con más de 90 millones de habitantes, sería que la gente que esté fuera de su Estado diga en el Estado en que está empadronado, y tener la búsqueda de la huella digital por Estados, ahorrándole tiempo al servidor. Lo lógico es que sea un hombre correcto y diga el Estado diferente del que se encuentra. Puede pagar si está en otro Estado con cualquier tipo de carnet para que sea más rápido.

Si no lo dice, el servidor busca primero en el Estado en que se encuentra. Si no aparece se busca en todos los Estados, primero en los más cercanos, empleando el mismo servidor, y si no está es que es inmigrante ilegal, pero todos los servidores de Estados Unidos tendrían las huellas digitales de todas las personas de su país mayores de edad, porque así no tiene que consultar la huella digital en servidores de otro Estado.

Hay que evitar los sabotajes de la fibra óptica, sacaremos una ley en que se vayan a la cárcel varios años.

La fibra óptica, en carreteras, iría bajo tierra y con una buena capa de hormigón, siendo vigiladas las principales líneas con patrullas de policía en coche. Así dificultamos los sabotajes. Si se corta la fibra óptica, se repara lo más rápidamente posible, y mientras los servidores afectados acumulan la información sin descargarla. En este caso las actualizaciones a 20 Km a la redonda (ya hablaremos de estas actualizaciones) las hacemos vía satélite.

Sección III.13. Forma de operar la policía

La policía busca con el DNI internacional del delincuente en todos los servidores, viendo si en los últimos 10 minutos ha hecho un gasto, si no lo encuentra se conecta directamente al ordenador central, para ver el último gasto; pero el acceso es inmediato porque el policía busca al delincuente por su DNI.

Si observa que no hay datos en los servidores significa que puede estar en un sitio sin gastar nada, por ejemplo en un bar o cerca de donde ha hecho el último gasto, el cual lo averigua al conectarse con el ordenador central. Y siempre tendrá un gasto en los últimos días porque tiene que comer; únicamente que robe la comida.

Si en el plazo de 15 días no ha hecho ningún consumo puede estar escondido en casa de un amigo o estar en el extranjero. Pasados los 15 días se le saca del sistema de huellas, y si opta por irse al extranjero, sólo puede consumir con sus tarjetas de crédito las cuales también se anulan.

Otra posibilidad a estudiar es que una vez que se busca, inhibirle todas las fotmas de pago. En esta posibilidad sería un esclavo como los inmigrantes ilegales. Es muy útil para la lucha antiterrorista.

Si está en casa de un amigo se puede detectar más consumos en comida y otras cosas, aunque esta opción es más difícil de localizar. Algún día tiene que salir al exterior y se entregaría a la policía.

Sección III.14. Cómo funciona en tiempo real

En países de menos de 90 millones de habitantes podríamos poner una cifra, por ejemplo de compras de más de 100 euros, el sistema actúa en tiempo real localizando nuestra huella y averiguando si tenemos dinero suficiente. Busca todos los últimos gastos o ingresos en todos los servidores de 20 Km a la redonda y los lleva al ordenador central, haciendo un refresco sólo de nuestra cuenta, todo esto lo hace en centésimas de segundo; y tarda poco tiempo dada la velocidad de la fibra óptica; además renueva pocos servidores.

Se pone que sólo actualice en los servidores de 20 Km a la redonda, porque en 10 minutos, el ordenador central hace el refresco de todas las personas y empresas, y no nos ha dado tiempo a consumir en otra parte, con lo que el refresco es especial y sólo manda información actualizada a los servidores de 20 Km a la redonda.

Los 10 minutos es un ejemplo común a todos los países del mundo, porque en Colombia, Venezuela o España se puede hacer cada 3 minutos, Alemania cada 5 etc.

Pero sólo en ese caso el estado cobra una pequeña comisión al cliente.

Para tarjetas de empresa se utiliza la misma cantidad; 100 euros.

Para otros gastos de menos de 100 euros; si no lo tenemos se deja a deber y el negocio ya cobraría cuando lo tengamos; queda pendiente de cobro y una vez que tengamos dinero el sistema cobra automáticamente, esto en el caso de que en un tiempo de 10 minutos que se hace cada refresco hagamos muchos gastos, y la información no esté actualizada en los servidores.

En países de más de 90 millones de personas tiene que analizar los datos que tiene el ordenador central, los ordenadores intermedios y los servidores; también le lleva poco tiempo.

Sección III.15. Si no tenemos dinero

Si empezamos el día con cero euros o negativos, lo mismo que cada cierto tiempo el ordenador central hace el refresco, si es cero o negativo, a partir de ese momento sólo podemos gastar con la tarjeta de crédito, o el dinero que tengamos en la tarjeta de débito. Para los niños la tarjeta informa que no tienen dinero.

Si nos quedamos sin dinero utilizar el móvil y mover dinero de una cuenta nuestra a la del dedo, y esperar a que se haga el refresco y todo el sistema se actualice para comprar; pero como el sistema se comunica una vez al día al banco, el banco sube la transferencia a un servidor y espera que el sistema haga el refresco; o no esperar, solicitamos el refresco de nuestra cuenta en 20 Km a la redonda, con lo que en unos segundos puedo disponer de ese dinero.

Si quiero ésta actualización tendría un coste de 0,50 euros, que evitaría que hiciésemos trabajar excesivamente al ordenador central.

Ese dinero sería para el Estado.

Incluso podemos decir a un amigo que nos preste 50 euros mediante transferencia, y ya se lo devolveremos mediante otra transferencia, porque esto si está permitido.

Para compras superiores a 100 euros, el del negocio automáticamente nos hace la actualización. Si no tenemos dinero no nos admite la compra; le devolvemos el producto.

Sección III.16. El ordenador central y las transferencias

Al actualizar el sistema en 10 minutos (hace él refresco), el ordenador central busca transferencias de más de 50 euros, o de menos dinero como por ejemplo en una apuesta de 20 euros que hemos hecho; actualiza estas transferencias, cambiando los asientos de la contabilidad como pagadas.

Hay transferencias que son con código. Cuando queremos que nos paguen por transferencia bancaria; si es una empresa, el servidor nos da un código para que nos paguen; al detectar que es una empresa el servidor nos da un código automáticamente para que se lo comuniquemos al cliente. Pero esto comunicando el valor de la transferencia y quien nos tiene que pagar, con lo que necesitamos el CIF, porque es una empresa la que nos tiene que pagar.

Queda como delito el hecho de que le asignemos un gasto a una empresa que conocemos su CIF, no habiendo gasto por ninguna parte. Lo denunciamos a hacienda y ésta abre una investigación. Esta investigación se hace examinando correos electrónicos en los que la empresa demuestra lo que le han pedido y a qué coste.

En analogía con los teléfonos móviles, el CIF de la empresa a la que le vendemos lo localizamos como si fuera un telefóno; estarían grabados todos los CIF de nuestros clientes. En una investigación saldría si la empresa nos ha engañado, porque tendríamos que enseñar esos correos al Juez.

Si no está de acuerdo con la mercancía, se le rectifica por medio del número de factura, y pasa a contabilidad, pero tiene que ser antes de un mes, porque al cabo de un mes el sistema la cobra automáticamente, y si ve dos con el mismo número de factura cobra solo la última. En esta modalidad la máquina de cobrar elabora la factura por códigos de barras EAN y la sube al servidor.

Es más seguro que lleven los camioneros la factura hecha en papel, y en la máquina de cobrar.

Si el servidor detecta que es un particular y no una empresa a la que queremos comprar un producto o varios; si es más de 50 euros, tiene que detectar que es familia en primer grado, y si no lo somos no hace esa transferencia, considerándose como un delito leve como ya habíamos dicho. Naturalmente todos los servidores tienen registrado a todos los parientes de primer grado por su DNI internacional, también a parientes menores de edad para hacerle las transferencias de dinero o regalos. Cuando los parientes menores de edad cumplan los 18 años, éstos se incoporan al ordenador central la variación del pariente adulto nuevo, el cual al hacer el refresco los carga en todos los servidores del país.

Si al cliente se le ha olvidado el código, puede averiguarlo consultando la página WEB del ordenador central, de su contabilidad, en la que vendrían las facturas que tiene que pagar, con su código correspondiente.

Es un sistema seguro porque no intervienen particulares; porque en caso de un particular, tiene que poner el dedo una vez recibida la mercancía, pero si no supera los 50 euros le podemos hacer una transferencia sin código; por ejemplo vía internet a la cuenta de la empresa, al detectar él sistema que le realizamos una transferencia a una empresa de menos de 50 euros, la introduce en la contabilidad de la empresa en la que hemos efectuado el pago, a todos los efectos es como si nos hubiéramos tomado un café, y entra en la contabilidad del negocio y en la nuestra.

Pero si un particular quiere comprar un producto de una empresa a distancia, lo lógico es que esa empresa tenga un sistema para pagar por tarjetas de crédito o PAYPAL. Si esto no sucede le hacemos, para no complicar mucho la cuestión, por el contra reembolso. Habría otros sistemas como dar nuestro DNI internacional y la empresa nos cobra, porque el sistema localizaría en el servidor nuestro DNI internacional (el registro), cobrando la empresa por ese sistema, y espera un tiempo hasta que todo el sistema compruebe que tenemos dinero. Una vez cobrado la empresa nos manda la mercancía. Por supuesto a la empresa le enviamos nuestro DNI internacional por correo electrónico.

Sección III.17. Si el sistema de la huella fuese lento

Si el sistema de la huella fuese lento habría que ir a otros sistemas, como el carnet de identidad moderno que tiene un chip. En Estados Unidos no existe el carnet de identidad, pero se puede hacer con el de conducir o la tarjeta sanitaria, e incluso con el pasaporte si lo tiene.

Sería lento en países de mucha población y rápido en los de poca población. Buscaremos soluciones para todos los países.

No se necesita que el carnet de conducir y el de la seguridad social tengan en el chip nuestro registro del banco, porque lo conoce el servidor, por lo cual cuando nos cambiamos de banco se informa al ordenador del municipio, el cual informa al ordenador central; al hacer el refresco se carga en todos los servidores la nueva cuenta del banco.

Con esta nueva posibilidad del chip de los diferentes carnets, si quiebra el banco, o nos queremos cambiar de banco asociado al dedo, no hace falta reprogramar los chips de los carnets con la información del nuevo banco. Los carnets no tienen información bancaria.

La ventaja del pago por los carnets respecto a las tarjetas de crédito, es que el pago por los carnets va a un servidor; ésta información es recogida por el ordenador central. En cambio las tarjetas de crédito van a una central de tarjetas que se comunica con el servidor del banco correspondiente; el banco tiene que subir el pago a un servidor de nuestro sistema para que sea recogido por el ordenador central. La conclusión es que es doble la conexión de las tarjetas de crédito respecto al pago por cualquier carnet.

He consultado en Internet información de servidores; tienen éstos 4 microprocesadores y pueden atender a 1.000 personas a la vez. Un ordenador normal puede hacer casi 1.000 millones de operaciones por segundo y sólo tiene un microprocesador. La combinación de 4 microprocesadores puede hacer muchas más de 4.000 millones de operaciones, aparte de que emplean microprocesadores más rápidos que un ordenador normal.

Con los carnets sería instantáneo porque va directamente al registro del servidor.

Para una ciudad de 200.000 personas no consumen 1.000 personas a la vez, por eso podríamos utilizar 10 servidores para que fuese más rápido, con lo que hacemos que el servidor admita sólo a 100 personas pagando a la vez, o más servidores que atiendan por ejemplo a sólo 20 personas a la vez, y si entra la persona 21, el sistema lo desvía a otro servidor, esto es debido a que analizar 20 huellas a la vez sería más rápido que 100 o 1.000. Para países de entre 40 y 50 millones de personas sería inmediato si utilizamos la opción de 20 personas, para que en otros países fuese rápido, y a bajo coste serían menos de 20.

Utilizaríamos servidores propios, no los servidores de la telefonía móvil. La telefonía móvil por Internet precisa de 15 millones de servidores para Europa, pero emplea tantos porque tiene que bajar mucha información; se ven películas, tiene GPS etc. Para nuestro sistema necesitamos muchos menos, porque baja muy poca información, y envía muy poca información. Es de un suponer que con 10.000 servidores cubriríamos todo el país de entre 40 y 50 millones de personas, porque en una ciudad de 200.000 habitantes creo que es suficiente 20 servidores, porque en un segundo no pagan un producto 400 personas a la vez, pero en pueblos pequeños o Aldeas necesitan por lo menos 1 o 2 servidores. De hacerse el sistema tendrían que calcularlo Ingenieros de Telecomunicaciones, he puesto una cifra exagerada de ejemplo, y es muy posible que todo el sistema sea más rápido de lo que he supuesto.

De todas formas se pueden diseñar servidores más potentes que los que hay hoy en día, para que nos resuelvan en décimas de segundo, y hacer que entren más de 20 personas a la vez, y todo el coste no tendría por qué ser elevado.

Por ejemplo por qué no diseñar un servidor con 25 microprocesadores y entonces necesito menos servidores. Esta posibilidad la tendrían que emplear principalmente en Estados Unidos, Rusia, China, México y la India. Aunque mejorará ésta tecnología con los años, porque se necesita tiempo para cablear todo el país con fibra óptica, cambiar leyes y hacer todo nuestro sistema.

Tendríamos dos carnets de identidad idénticos, no sea que lo perdamos, como a veces perdemos las llaves del coche, y tenemos otra de repuesto. Una vez perdido un carnet, lo solicitamos en la policía, identificándonos con nuestra huella, dándonos rápidamente otro. Y se solicita no vaya a ser que perdamos también el segundo carnet de identidad.

En un país que no sea el nuestro, y tengan nuestro sistema, es más fácil pagar con cualquier carnet. Es mejor para ambas partes porque nos ahorramos tiempo, la nuestra y la del negocio, por ejemplo, un Chino en Rusia.

Como habíamos dicho es un carnet de identidad Internacional en el que viene un código de nuestro país, por lo que desde Francia, por ejemplo, se conecta con cualquier servidor de Alemania.

Sección III.18. Cómo evitar una guerra entre bancos

Habría que tener una legislación para que las comisiones del banco fueran las mismas para cualquier banco, para que no hubiese una guerra de bancos por captar clientes. Cómo ejemplo está el cobro de comisiones de los cajeros; tendría que ser la misma comisión para todos. No permitiremos la especulación de los bancos con nuestro sistema; se fija un tanto por ciento igual para todos los bancos. Por ejemplo en movimientos de menos de 100 euros, en nuestro sistema, los respectivos bancos ni pagan ni cobran.

Sección III.19. Si el del negocio desconfía de nosotros

Por tanto, por ejemplo en una cafetería, antes de servirnos ingresamos el dedo para que el camarero sepa si tenemos dinero o no; todo esto si desconfía de nosotros. Caso de no tener dinero el camarero nos invitaría a marcharnos.

Esto se aplica principalmente a niños y adolescentes. Caso de que un adolescente o niño pida una cosa, por ejemplo un refresco, y no tenga dinero, pasa a deberlo el padre, porque en la tarjeta del niño viene el DNI del padre o tutor, y el servidor lo asigna como deuda del padre, con la correspondiente riña, quedando inhibida la tarjeta del menor 3 días para que no siga consumiendo sin dinero; con lo que se lo pensaría.

Al camarero, la máquina le señala que tenemos suficiente para pagar.

Si no desconfía de nosotros y no tenemos dinero, el sistema lo asume como una deuda que tarde o temprano tenemos que pagar. Todo esto sólo para consumos del dedo. Pero la realidad es que el sistema no admite el gasto y el negocio para cobrar, mediante un botón sube la deuda al servidor, y así tarde o temprano el negocio acaba cobrando.

Sección III.20. Los datos fijos de los servidores

Inicialmente a todo el proceso el ordenador central es alimentado con datos nuestros como la huella digital, sitio más ancho de la huella, nuestro nombre y dirección, nuestro DNI Internacional, cuenta bancaria que hemos escogido para nuestras transacciones, toda la familia en primer grado mayor de edad con su correspondiente DNI Internacional, menores de más de 7 años que también tendrían carnet de identidad, todas las asociaciones a las que pertenecemos y el límite de dinero que podemos donar a esas asociaciones. Todo esto para un particular.

Para una empresa sería el CIF Internacional, cuenta bancaria, y la actividad comercial de la empresa, para calcular los gastos deducibles (todas las piezas u artículos de cada negocio).

También están como datos fijos los números de las tarjetas de empresa y la de los niños, con un código de operatividad con el que deduce el servidor si la puede utilizar. Cuando el niño cumpla 18 años se borran de todos los servidores su tarjeta de menor. Cuando se destruya la tarjeta de empresa, ésta es borrada también del servidor. Por supuesto todas las piezas y artículos de los diferentes negocios.

Sección III.21. Las cartas del ordenador central y de los bancos

Las personas que no tengan Internet, podemos pedir nuestros gastos pagando. Pero en los bancos sólo nos darían semanalmente el total de la semana; anotándo éste en nuestra cartilla del banco.

Si un matrimonio confía uno en el otro no tiene porque ver esa carta que relata nuestros gastos particulares.

Para ser más seguro, en un futuro, porque hoy en día se enseña a los adolescentes informática en el colegio, todo el mundo tendrá correo electrónico, y llegará en ese formato a nuestro correo particular en el que la mujer no sabe el código.

Pero de todas formas se puede consultar la WEB de internet con nuestra clave. Que puede ser más incómodo porque le tengo que dar un intervalo de fechas, y el correo electrónico viene el intervalo de una semana.

Sección III.22. Los pagos domiciliados

Muchos pagos son domiciliados, el banco cobra automáticamente; en nuestro sistema el banco los tiene que subir a un servidor, y con una clave de concepto para que puedan ser investigados, no vaya a ser que estemos comprando droga.

Sería mejor si sólo existiesen domiciliaciones del alquiler, IBI, hipoteca, viñeta, comunidad, luz, gas, alquiler etc; unos determinados permitidos por hacienda.

Sección III.23. La memoria de la máquina de cobrar

La máquina de cobrar no hace falta que tenga mucha memoria, porque almacena pocos datos, porque guardar las huellas de un mismo cliente que viene muy a menudo, no consume mucha memoria.

Pero puede tener, en analogía con los lápices ópticos, 32 GB o 128 GB.

Para grandes superficies, tienen que estar todas las máquinas de cobrar interconectadas, para tener grabadas todas la base de clientes de la superficie, porque en varios días pasa una persona por distintas cajas de cobros. Pero puede operar con un ordenador de la gran superficie que sepa las huellas; sería como una propia red informática de la gran superficie, o también para una cafetería u otro negocio que cobren muchos empleados

CAPITULO IV

El sistema sofisticado

Sección IV.1. En qué consiste, las ventajas

El sistema sofisticado consiste en subir todos los conceptos de la factura del proveedor, así como todos nuestros gastos que realicemos detalladamente; por ejemplo en un supermercado.

Tendría que desaparecer la declaración trimestral de todos los negocios. La hace al año el ordenador central automáticamente. Porque si no el exceso de stock o la falta de él puede engañar al Ordenador Central, al calcularle pocos beneficios o muchos, de las empresas o autónomos, en un trimestre.

Se puede investigar la fabricación de explosivos, armas químicas, fabricación de armas ilegales, consumos; por eso es tan ventajoso.

Sección IV.2. Los ordenadores del municipio

Sería lento hacerlo con un ordenador central sólo, porque sería mucha información la que llevaría la fibra óptica al ordenador central.

Al poner la huella, por ejemplo en un supermercado, la máquina de cobrar hace un envío a servidores del ordenador central; pero sólo envía el gasto total que hemos hecho, el asiento contable si es una empresa, el gasto que se deduce si también es una empresa, la fecha etc. Al mismo servidor envía los conceptos.

Habría un potente ordenador en el municipio, o si es una ciudad grande varios ordenadores; porque se haría por zonas. Este ordenador no sería tan potente como el ordenador central, porque opera con muchos menos datos.

Son estos ordenadores los que harían la investigación de los conceptos. Por ejemplo lo comentado de los explosivos, armas, y una cantidad de consumos mínimos de la comida, vestir etc; para detectar los esclavos y luchar contra el terrorismo.

Este ordenador del municipio tendría el padrón para evaluar los consumos, sabiendo las personas que viven en cada vivienda.

El servidor utilizado por el ordenador central localiza la huella y logra un registro, utilizamos el mismo servidor para el ordenador del municipio por lo que no tiene que buscar otra vez la huella, si no que utilizaría el registro ya encontrado, admitiendo todos los conceptos.

El sistema con el que opera éste ordenador del municipio sería igual que el ordenador central, va captando conceptos de las facturas de sus servidores. Pero puede suceder en las ciudades que haya datos que vayan a servidores de otra zona; para solucionar esto cada zona chequea las otras zonas en busca de datos propios de su zona, borrando los que no sean de su zona y llevándolos a su zona.

El ordenador del municipio sólo tiene en detalle los conceptos de gastos, ingresos y el total.

El refresco del ordenador del municipio le lleva muy poco tiempo, porque son pocos datos. Esto es muy útil para saber lo que llevamos gastado en un día, o en días anteriores.

En cuanto a la búsqueda de explosivos y armas químicas, se les pertimitiría comprar éstos a fábricas, facultades de química, etc. Pero no a un químico en particular, el cual tampoco podrá comprar material para hacer un laboratorio; los laboratorios tienen que estar legalizados. De esta forma la búsqueda sería mucho mejor. Tiene que revisar los últimos 3 años, porque podría comprar cualquier persona una sustancia química y otro día diferente otra, con cuya combinación fabricar explosivos o armas químicas. También podría cambiar de municipio en estos 3 años, con lo que se tendría que poner en contacto con el ordenador del otro municipio. La búsqueda es por su DNI internacional.

Sección IV.3. Cómo se hace

Para un negocio, cuando un proveedor nos trae la factura, la trae impresa y en la máquina de cobrar. El empresario pone su tarjeta, y la máquina de cobrar sube el importe total a un servidor del ordenador central, y los conceptos de la factura al mismo servidor, que opera con el ordenador del municipio.

Si empleamos el pago por transferencia bancaria, es el del negocio el que sube los conceptos de la factura, y el servidor nos da un código para que le paguemos.

Si somos nosotros los que tenemos que cobrar, seríamos nosotros los que subiríamos los conceptos a la empresa, porque tenemos su CIF, y el servidor nos da un código para que nos pague; le comunicamos al cliente el código. Este código es asignado por el servidor del municipio. Pero en ambos casos llega el importe total de la factura al ordenador central.

Sección IV.4. Cómo opera en un único país y la duplicidad de datos

Si estamos en Jaén consumiendo y somos de Logroño; el servidor de Jaén descarga la información que tiene nuestra a un servidor de Logroño, que nos corresponda por nuestro padrón. Después, los servidores de Logroño de nuestra zona nos actualizan la información en poco tiempo, de manera que en Jaén vía Internet podemos consultar al detalle nuestros gastos, por la página WEB del ordenador de nuestro municipio de nuestros gastos, con un simple teléfono móvil con Internet.

Cara a Hacienda, en una futura investigación, quedan los ingresos detallados en el servidor de Jaén, para saber el ordenador del municipio el detalle de lo que vende el del negocio, pero también en el de Logroño, para que se pueda investigar a la persona (por si tiene esclavos, armas etc), con lo que hay una duplicidad de datos.

Sección IV.5. Los programas que utilizan el sistema y los nuestros

Con éste sistema en todo negocio no hace falta que tenga programas específicos, porque el ordenador del municipio le hace el stock, hasta incluso le puede analizar lo que le falta para llamar el del negocio a los proveedores.

Así cada negocio sólo tiene que tener una conexión a Internet para ver todo, sin la necesidad de comprar programas, aunque hoy en día hay muchos programas gratis en Internet, por lo que no le hacemos mucha competencia a las casas de informática, las cuales hacen programas específicos para otro tipo de organizaciones, como Juzgados, páginas WEB etc.

Sección IV.6. Como se ocultan detalles

Una persona individual puede pedir que no le den el detalle, esto es útil para clubs de chicas; entonces la información que recibimos por Internet no nos da el detalle del concepto, lo tiene oculto o falso. Por ejemplo en el caso del club de chicas, como si fuese un restaurante, porque hoy en día se hace así en los gastos de club de chicas con las tarjetas de crédito, pero si lo sabe el ordenador del municipio, porque cuando el Ordenador Central sospecha que ha habido fraude, examinan Inspectores del Ordenador Central el ordenador del municipio donde está ubicada la empresa o la persona, o bien inspectores de la provincia.

Que no salga el concepto en nuestro ordenador o falso, sirve para ocultar a la mujer los gastos detallados del marido, o para el hombre en lo que se gasta la mujer en joyas, peluquerías, etc. Si no hay mucha confianza en la persona con la que compartes tu vida.

Sobre todo es útil no pedir el detalle para regalos; así para los Reyes Magos, o Papa Noel sería una sorpresa, y puede ser también falso; en este caso el concepto sería regalo.

En familias que no se lleven del todo bien, es conveniente que tengan claves individuales. Pero sí se puede controlar al adolescente sus gastos, si desconfiamos de él, porque éste no puede ocultar conceptos.

Sección IV.7. El sistema en La Comunidad Europea

Si el sistema lo adopta toda la comunidad europea, en un país distinto de España, nos pueden subir los conceptos de nuestros gastos a un servidor de nuestro municipio, por ejemplo desde Francia, comunicándose con cualquier servidor de España, el cual tiene como dato fijo el padrón, con lo que sube la información al ordenador del municipio correspondiente.

Los conceptos de lo que hemos consumido en Francia nos los traduce al Español el ordenador del municipio de España. Pero para pagar más de 100 euros se utiliza la tarjeta de crédito; no hace actualizaciones de España desde Francia.

Entonces desde Francia puedo consultar mis gastos con un simple teléfono móvil que tenga Internet, sólo accediendo a la página de nuestro municipio, en la cual nos dan una clave para ver los gastos o ingresos al detalle, y si queremos ver la contabilidad entramos con una clave al ordenador central, tanto para personas como empresas.

Sección IV.8. Cómo se evita el fraude

Para evitar fraudes, en cada ayuntamiento hay 3 personas de los tres partidos mayoritarios que se encargan de guardar diariamente, mediante lápices ópticos todas las facturas con sus conceptos del municipio, o zona de ciudades grandes, los datos del día.

Esto impide la corrupción, porque no podría nadie rectificar. Cada representante, que podría ser un concejal, se lleva un lápiz óptico diario de 128 Gigas, con todos los movimientos del día del municipio, o zonas de ciudades grandes. En caso de ciudades grandes sería un lápiz óptico por cada zona. Estos lápices ópticos los cogerían los políticos al día siguiente con todos los gastos que se han producido el día anterior hasta las 5 de la mañana.

Para evitar que se borren facturas del ordenador del municipio, el ordenador central cada cierto tiempo chequea en todos los Ayuntamientos todas las facturas, que puede ser una vez al mes, y mira sólo el total de la factura o consumición, el importe y la fecha.

Asimismo para evitar el fraude del ordenador central, todos los ordenadores de los municipios chequean una vez al mes, el total y la fecha de las facturas al ordenador central, por si el máximo responsable es corrupto. Con esta doble medida es casi imposible el fraude.

Caso de detectarse algún fraude, saldría de los lápices ópticos que tendrían los encargados de los partidos políticos.

Sección IV.9. Los servidores de los municipios

Los servidores de los ordenadores de cada municipio son los mismos que operan con el ordenador central, de hecho al subir la factura y sus conceptos utilizan el mismo servidor con lo cual nos ahorramos costes.

Llos datos están momentáneamente hasta que pase el ordenador del municipio a recogerlos, una vez hecha ésta operación, se borran los datos del servidor menos los datos fijos, el total y los gastos deducibles, el cual los recoge el ordenador central. El ordenador del municipio también tiene el total, pero es una información doble.

Sección IV.10. El sistema sofisticado 100 por 100

Para que el sistema sea sofisticado 100 por 100, hay que tener en cuenta los gastos que efectuemos con las tarjetas de crédito, débito y PAYPAL.

En la libreta del banco aparecen los gastos totales, pero el banco sabe todas las empresas en donde nos hemos gastado el dinero.

El banco tiene que subir todos los conceptos de las empresas donde hemos pagado por tarjeta, para ello hay que cambiar estos sistemas de forma que el pago por tarjeta o paypal lleven la factura desglosada.

Por ejemplo podemos pagar por tarjeta de crédito los consumos de una gran superficie, de los cuales muchos no son comida, por lo cual el ordenador del municipio no puede controlar el máximo de alimentación. Otro ejemplo es si va a una droguería y se compra clorato potásico, que se puede hacer un explosivo; si paga por tarjeta sale gastos en droguería y no el clorato potásico.

Por eso al hacer éstos pagos, el del negocio que cobra sube a la central de tarjetas el total y todos los conceptos. El que paga sube los conceptos a la central bancaria de tarjetas, que sí sabe nuestro municipio, porque es el correspondiente al banco donde está ligado la tarjeta; lo mismo para pagos por Paypal. El banco sube estos conceptos a servidores.

Sección IV.11. Material que se desecha y cómo hacer para que no haya fraudes

En este sistema sofisticado, hay que tener en cuenta las rebajas, el material que roba la gente, los productos que quedan obsoletos y se destruyen.

Se puede vender droga de la siguiente manera: supongamos que una tienda de ropa no tiene muchas ventas, puede vender droga y destruir la ropa. Imaginemos que se gasta un drogadicto 2.000 euros al mes durante un año. El programa del ordenador del municipio, tiene que detectar en ese negocio que tiene esos consumos, entonces va un inspector de hacienda a la casa de los clientes a ver si tiene efectivamente esa cantidad de ropa.

Esto es extensible a cualquier tipo de negocio ya que, por ejemplo, nadie se gasta en una misma cafetería 2.000 euros todos los meses. Pero si se lo puede gastar en otro tipo de negocio.

No es el ordenador del municipio el que nos lo rectifica el stock, somos nosostros los que entramos con la clave en ese ordenador y rectificamos el stock robado o destruido, pero el ordenador del municipio chequea que esa rectificación no sea excesiva. Por supuesto lo que vamos vendiendo, el ordenador del municipio nos rectifica el stock automáticamente.

El inspector de hacienda iría a una tienda de ropa, pero no a ciertos negocios que sí pueden consumir esa cantidad, por ejemplo una joyería. El ordenador sabe el poder adquisitivo de cada persona.

Sección IV.12. La exportación e importación

Si es en la Europa comunitaria no hay problema, porque Europa no nos dejaría que el sistema funcione sólo en España.

Cuando una empresa exporta sube al servidor del municipio del otro país la factura detallada, y al mismo servidor del otro país el total, y el servidor asigna un código para que nos paguen por transferencia bancaria. Una vez pagada, al hacer el refreco nos cambia el asiento contable correspondiente. Pero también la sube al servidor de nuestro municipio los conceptos que se venden, para variar el stock.

En la Importación ocurre lo contrario, es la empresa que nos vende la que sube la factura, y tiene que llegar al ordenador central de España, el importe total y todos los conceptos detallados al ordenador del municipio con un código, que ha generado el servidor del municipio de ese otro país, para que efectuemos la transferencia. En el otro país sube los conceptos al servidor de su municipio para rectificar el stock.

En ambos casos no se cruza información en el sistema de contabilidad, porque la contabilidad del otro país no nos interesa.

Esta transferencia la hacemos vía Internet sin tener que ir al banco, poniendo la clave de la transferencia, la cual tiene que ser exacta, porque si no la transferencia no se admite. Consultamos nuestra contabilidad para saber que facturas tenemos que pagar.

La importación o exportación a otros países que no tengan este sistema sería más compleja, porque tiene que intervenir aduanas, controlando lo que se pidió, o lo que se envió, cobrando los respectivos aranceles.

Pero para estos casos las mercancías llevarían una factura en papel, y serían las aduanas de Europa las que subirían a los servidores, mediante el CIF de la empresa, la detallada y la global.

Si exportamos, aduanas sube el detalle a los servidores de nuestro municipio, y está pendiente del cobro con una clave. Entonces en el país que no tenga nuestro sistema, nos pagan con una transferencia que lleve de concepto la clave, para que en nuestro país la den por válida; se mira si es la cantidad exacta, si no el sistema la rechaza.

Si importamos, aduanas nos sube los conceptos a servidores de nuestro municipio, así como el total y lo pagamos con una transferencia bancaria que lleva un código que ha generado aduanas, le llega a aduanas un correo electrónico de la empresa extranjera diciendo que está debidamente pagado, entonces aduanas la da por pagada, y sube el pago correcto al servidor del ordenador central para cambiar el asiento de la contabilidad.

Sección IV.13. Las consultas

Si en nuestra casa o con un móvil tenemos Internet no hay problema. Vemos en intervalos de fechas los diferentes conceptos entrando en el ordenador de nuestro municipio.

Si no tiene Internet, o no lo sabe manejar, se pide al Ayuntamiento en papel todos los gastos del mes, que llevarían un coste que lo ingresaría el Ayuntamiento. El banco tiene en detalle lo que paguemos por tarjeta de crédito o PAYPAL, pero también tiene todos conceptos al bajarlos una vez al día del ordenador del municipio.

En las cartillas de los bancos vendrían una vez por semana lo que nos hemos gastado, pero no en detalle, pero también podemos solicitar el detalle en el propio banco, que si sabrían los servidores de los bancos todos los conceptos de la semana, lo cual llevaría un coste que se paga al banco, y no habría que solicitarlo al Ayuntamiento. Esto se podría hacer que cargue una vez al día, el ordenador del municipio, por la noche al banco asociado al dedo todo el detalle de nuestros gastos e ingresos, que en ciudades grandes está normalmente más cerca que el Ayuntamiento. Esta descarga la harían los ordenadores de los municipios a las 5 de la mañana.

Sección IV.14. Haciendo ciencia ficción

¿Cuál será desde mi punto de vista el futuro de la humanidad? Se están estudiando ordenadores ópticos, o sistemas que en vez de 0 y 1 operen no en binario, con más combinatoria.

Hay 3 millones de negocios en España, puede haber 300 millones de negocios en todo el mundo. Dentro de 30 años serán tan potentes los ordenadores, que todo esto que he escrito en éste libro se hará a escala mundial con un solo ordenador. Se mejorarán satélites que transmitirán con más capacidad que ahora. Todas las personas del mundo estarán registradas en el país correspondiente en el sistema de huellas, por lo cual cualquier inmigrante ilegal se podría saber de que país viene, y no habría que meterlos en cárceles. Por supuesto habrá más humanidad y se ayudaría mucho a África. Ya se está estudiando una moneda única por parte de George Soros. Un idioma único.

La moneda única se podría hacer como se constituyo el euro, entre la peseta, el marco, el franco, la lira etc. Se haría entre las monedas más fuertes del mundo como el dólar de Estados Unidos, el Yen Japonés, el Rublo, La libra, el euro etc.

Comentar que George Soros dice que con un moneda única la Europa Comunitaria también sufriría, pero yo no lo creo porque el problema de Europa es el fraude fiscal, sobre todo en España y Grecia (25% del PIB) e Italia (27% del PIB), pero también lo tiene muy alto Francia y Alemania con un 15%. Eliminando el Fraude Fiscal la Europa Comunitaria funcionaría mejor que Estados Unidos que tiene el 8,6% de fraude sobre el PIB y un déficit de más del 5%, por lo que el problema económico de Estados Unidos no se soluciona del todo eliminando el fraude Fiscal, si no eliminando mucho armamento.

Lo malo de hacer una moneda única es que muchos países no pueden devaluar su moneda.

El futuro del mundo, aparte de que haya una moneda única, es que todo el dinero físico se elimine; sólo existirá dinero electrónico.

CAPITULO V

El bunker

En el bunker está el ordenador central y toda la amplia representación de los bancos. El dinero físico emitido en euros, dólares, libras etc; estará en el departamento correspondiente a cada banco. También está el Banco de España, o el Banco de otro país si se aplica el sistema en un país diferente a España, porque es más fácil el préstamo a otros bancos, porque serían traslados de dinero físico dentro del bunker.

Al hacer la gente gastos o ingresos, y éstos no son del mismo banco, al cabo del día hay déficit o superávit del dinero físico que tiene cada banco, de nuestro dinero y del propio banco. Por lo que una vez al día el ordenador central ejecutará un programa, para ver que dinero físico sale o entra de cada departamento del banco.

Ya lo habíamos explicado cómo era el trasiego de dinero, pero lo repetimos: si un banco tiene déficit lo lleva a una sala y si tiene superávit lo saca de esa sala. Todo esto lo hacen inspectores.

Habrá transacciones de dinero de un país a otro. Por lo tanto saldrá dinero físico del bunker al banco de otro país en furgonetas blindadas, o mejor por avión, porque un banco puede ganar en un país dinero y en otro perderlo. También entrará dinero al bunker procedente del extranjero.

El banco tiene su dinero propio de comisiones y de negocios que haga, estando éste aparte. Se funciona de la misma manera que hoy en día, sólo que el dinero no va a sucursales bancarias en furgones, si no que éstos furgones van al Bunker, para que no circule el dinero físico entre empresas y particulares; por eso es realizable nuestro sistema.

Hoy en día el dinero físico sólo se lleva de un país a otro en paraísos fiscales, porque así no se controla.

Si movemos hoy en día transferencias a un paraíso fiscal, tiene que llegar también con el tiempo el dinero físico.

Pero es posible que no haya excesivos problemas con las divisas, porque cuando se hace un pago por parte de un extranjero con tarjeta de crédito, por ejemplo un mexicano en España, le da el cambio de moneda actual y paga con el valor del cambio. Otro ejemplo es si exportamos o importamos a un país que tenga distinta moneda y nuestro sistema, es posible a la hora de pagar que se haga al cambio actual, como en el ejemplo anterior del mexicano.

El problema es que se acepten ciertos tipos de moneda que bajan, porque llega dinero físico de esas monedas al Bunker, las cuales en un futuro saldrán a menor valor, con lo que perdería dinero el país correspondiente.

Podría ser común a monedas fuertes, por ejemplo el dólar y el euro que ambas son muy fuertes, o la libra. Bajan mucho ciertas monedas por irresponsabilidad de otros países; por ejemplo, cuando Fidel Castro llegó al poder le dijeron que el problema de Cuba es que no había dinero, entonces lo fabricó de forma que se disparó la inflación; pero una solución sería el tener comisarios internacionales de la ONU para que esto no ocurra, porque también ocurrió hace años en Argentina; todo esto sin ir a la moneda única.

Todo el sistema electrónico de pagos al extranjero se mantendría igual, pero la máxima ventaja que veo a mí sistema de traslado de dinero físico, es que no habría agujeros económicos, como sucedió en Bankia, Lehman Brothers, clubs de fútbol etc; porque la contabilidad se hace al día, por medio de retenciones, y se ve que hay dinero en la empresa, porque de hecho no admite apenas deudas.

Al hacer las retenciones a las empresas al día, se podría hacer que se fuesen compensando día a día o mes a mes por si hubiese pérdidas un día o un mes, y al siguiente tiene ganancias; sería una fórmula de declaración al día y al mes, al trimestre o al año más inteligente que la existente hoy en día.

En el bunker de cada país se admite dinero de las diferentes monedas de todos los países del mundo, de forma que debido a compras hechas en diferentes países, como de extranjeros que fueron a distintos países, haya un déficit o superávit de los bancos extranjeros con España, de forma que en el bunker español entraría dinero por ejemplo en dólares, libras, pesos mexicanos etc; y saldría de España dinero físico para bancos o bunkers del extranjero, en la moneda a ser posible de ese país cada año. Cada banco en el bunker tendría un departamento diferente para cada moneda.

Sería una solución al problema de las divisas.

El bunker tiene que tener una construcción sólida a prueba de terremotos, y tendrá un sistema de seguridad a prueba de atentados. Podría ser construido en cualquier parte; sería conveniente construirlo en la mitad del país para favorecer las comunicaciones de los servidores por fibra óptica; y que fuese subterráneo.

Estará custodiado por el ejército porque tendría una pista para aterrizar aviones que traigan el dinero físico. Tendría también que tener un escudo de misiles como el de Nueva York, para que no bombardeen el Bunker, pero se permitirá que lo sobrevuelen los aviones comerciales, pero no aviones militares, aunque sean del propio país.

Naturalmente para mayor seguridad lejos de cualquier núcleo urbano.

Por supuesto tiene que tener todas las conexiones electrónicas para que funcione el ordenador central. Por satélite tendrán que ponerse antenas teniendo cuidado con los sabotajes. Por ejemplo para investigar desde España a ordenadores de Letonia, sería la conexión vía satélite. Si las distancias son cortas se haría por fibra óptica.

Se establecerían 3 turnos de trabajo, porque el sistema estaría continuamente funcionando y vigilado, por si se estropea el ordenador y hay que utilizar el ordenador de recambio.

CAPITULO VI

La contabilidad

Sección VI.1. El sistema y su investigación

El sistema nos permite hacer la contabilidad de empresas y particulares automáticamente, sin hacer nada éstos. Sólo es obligatorio conocer el importe total de la factura, el asiento contable (lo deduce el ordenador del municipio por el concepto), y los gastos deducibles, porque el plan general contable abarca ventas y compras, facturas sin pagar etc.

El ordenador central tiene dos programas de contabilidad, uno para la contabilidad de nuestro negocio y otro para elaborarnos el IRPF; tiene códigos de todos los negocios que los sube a todos los servidores para hacer la contabilidad diaria; es lo mismo que en el sistema sofisticado, cada municipio tiene un programa de gastos e ingresos al detalle de nuestro negocio, y otro para elaborarnos nuestros gastos e ingresos personales al detalle. Todo lo que paguemos lo elabora el ordenador central, porque el del municipio sólo sirve para darnos información a nosotros, para saber los gastos deducibles, y para una investigación al detalle por parte de los inspectores, por ejemplo, como habíamos dicho los sospechosos de hacer explosivos.

Cuando se efectúa un gasto, el ordenador central, una vez llegada la información de los servidores, registra como gasto en nuestra cuenta, y como ingreso en la cuenta que hemos hecho el pago. De esta manera se hace un cruce de las dos partidas dando el resultado nulo, como efectivamente funciona el plan general contable.

Hoy en día, en España, se cruzan facturas de 3.000 euros con un mismo proveedor. Nuestro sistema no cruza lo que gaste un extranjero que no esté en el sistema de huellas de nuestro país, ni siquiera de la Comunidad Europea, pero queda como un pago al negocio.

Parece innecesario este cruce, pero se hace por razones de seguridad, porque como España es de los países capitalistas más corruptos, existiría la posibilidad de borrar facturas de ventas o de compras, en el sistema informático, sobre todo por políticos corruptos.

Al cruzarlas y no encontrar el cruce, se investigaría en el ordenador del municipio o zonas de ciudades grandes. Si no aparece, se investiga en los políticos que tienen los datos. Es difícil que se pongan de acuerdo dos empresas en borrar tanto la venta como la compra, porque el que compra le saldrían más beneficios de no existir la factura, lo cual no le conviene. Para haber fraude tienen que rectificar el ordenador de municipio, o de dos municipios si se da el caso de que el que compra y el que vende no son del mismo municipio, o zona de ciudad grande. También tiene que rectificar o borrar el total del ordenador central. Casi imposible de hacer.

En cuanto a la elaboración del IRPF, en España apenas hay gastos deducibles, pero para otros países sí, por eso también hay gastos deducibles como puede ser los gastos de pañales, potitos o comprar un coche nuevo. Estos gastos deducibles hacen que hacienda nos devuelva dinero procedente de las retenciones que nos hace al día. Esta devolución se hace automáticamente una vez al año.

Sección VI.2. Rendimientos máximos y mínimos de los negocios

Si nuestro proveedor nos vende un zumo en 0,60 euros, no lo podemos vender en 40 euros, porque podría pensar el ordenador central que le hemos vendido al cliente el zumo y droga. Sería conveniente que las multas por superar los rendimientos máximos fueran fuertísimas, para intimidar, aparte de que se le haría una investigación por medio de inspectores del ordenador central o de la provincia.

Tampoco se haría el inflar facturas por parte de los partidos políticos para autofinanciarse.

Estos rendimientos máximos los elabora hacienda para cada tipo de negocio.

Habrá acuerdos entre negocios del mismo tipo para establecer precios, y que haya un rendimiento mínimo del tipo de negocio, para no hacer una competencia desleal; por ejemplo en un bar costar el café 0,60 euros y en otro bar 1,20 euros.

Sección VI.3. El sistema de deudas en los negocios

Se admite la deuda, pero se tiene que dar un tiempo para pagarla, que puede ser a 30 días, 60, 90 u otro tiempo que pacten ambas partes. Transcurrido ese tiempo el propio ordenador central se ocupa de cobrarla.

Sólo se difiere el pago al próximo año, no a más tiempo.

Si no tiene dinero a la hora de pagar, se le avisa para pedir un crédito, ampliación de capital por parte de los socios etc; y si no se lo dan se le embarga, con lo que no existirán empresas que se dediquen al cobro de morosos. Tampoco existirán clubs de fútbol con tremendas deudas, ni deudas a proveedores de los Ayuntamientos.

Sección VI.4. Pagos diferidos y el IVA

En los pagos a 30, 60, 90 u otra cantidad de días que pacten ambas partes; el IVA al proveedor no se lo cobra el ordenador central al comprar el producto, con lo que tengo solucionado el problema de muchas empresas de adelantar el IVA; sólo se cobra cuando esté vendido y pagado el producto. Para países que no tengan IVA, pero sí otro impuesto parecido, se hace igual con ese impuesto.

Sección VI.5. Cuando debemos dinero en nuestro negocio

Cuando una empresa quede en cero o en negativos tiene que hacer un aumento de capital.

Sería conveniente que ninguna empresa pudiese funcionar con deudas o si no se disuelve. Lo mismo que los ayuntamientos reciben capital (que hace aumentar el déficit) por parte del estado. Igual que el estado emite deuda pública para superar su déficit, o es rescatada como Grecia. Etc.

Para que todo el sistema informático funcione se tiene que tener dinero para pagar.

Así las sociedades anónimas emiten acciones, las limitadas hacen aumento de capital. Todo esto queda escriturado mediante notario, el cual informa al ordenador central de esa inyección de dinero, introduciéndolo en el sistema de contabilidad del negocio.

Sección VI.6. Los módulos

No existirán módulos (pago de cantidades fijas a hacienda). Sería ridículo utilizar éste sistema cuando disponemos de toda la información de los diferentes negocios. Con lo cual dentistas, fontaneros y otras profesiones que hoy son difícil de controlar, con nuestro sistema estarían controlados, con lo que el 7% del fraude fiscal de los autónomos se elimina.

Sección VI.7. Trucos del marketing y el control de Hacienda

Las empresas pueden hacer trucos de marketing, como tener muchas mercancías en el almacén en periodos de mucha venta.

Mientras no se supere los rendimientos máximos al cierre del ejercicio hacienda no mandará inspectores.

Si hay pérdidas o no se llega a esos rendimientos, hacienda no hará inspecciones, o sí las haría si el año anterior declaró altos beneficios. Para la inspección no se avisa que va a ser inspeccionada vía ordenador central, sin tener que ir de momento a la empresa.

Sección VI.8. Partidas deducibles y la determinación del IVA

Para hacer la contabilidad el ordenador central tiene que saber las partidas que son deducibles. Si voy a tomar un café ese gasto no sería deducible, pero queda como ingreso de la cafetería, porque una persona no puede desgravar por tomarse un café. Sólo si es político como diremos después.

Para saber las partidas que son deducibles es muy fácil; es suficiente con saber el modo de pago; si hago el pago con el dedo o con tarjetas que no son de ninguna empresa, el sistema piensa que es un gasto no deducible; si lo hago con la tarjeta de la empresa o autónomo el gasto es deducible o no.

Puede ocurrir que el dueño de un restaurante compre con su tarjeta comida para su restaurante, y también para él. Habría un mínimo de consumo con el dedo, en torno a 150 euros para una persona en la comida para España, sin tener en cuenta comidas o cenas individuales en restaurantes; en otros países sería diferente cantidad de

150 euros. Si fuese una cantidad de 400 euros o más por persona de su familia, el ordenador del municipio avisa al ordenador central de hacienda de la provincia, y se abre una investigación por si tiene esclavos. Se mira la comida de los restaurantes y si ha invitado por lo menos a alguien durante 20 días del mes. Bien programado puede detectar variaciones en un intervalo de tiempo de algunos meses.

Todos estos gastos mínimos los evalúa el ordenador del municipio dependiendo del número de los hijos, los hijos que no trabajen y estén viviendo con sus padres, etc. Los evalúa por medio del padrón donde viva la gente.

Los diferentes gastos tendrán un código de concepto y si es deducible el gasto. Esto se puede hacer de la siguiente manera: todos los gastos que realicemos, el servidor tiene todos los gastos deducibles de todos los negocios, pero lo tiene por conceptos sin especificar marcas; por ejemplo lentejas, champú etc.; en los libros los tendría clasificados; libro de química, libro de poesía, de cocina etc. Por ejemplo; si utilizo la tarjeta de la empresa para comprar champú, lógicamente no será un gasto deducible (a no ser que tenga una peluquería), pero a la empresa le llega información de ese gasto con la correspondiente riña, porque sería un gasto no deducible, pero figura como gasto para la empresa.

Cada empresa investiga sus gastos por la página WEB de su municipio, que señala los gastos deducibles, lo que ha enviado al ordenador central. Esto sirve para investigar la propia empresa a sus empleados.

Hacienda elaborará toda una serie de códigos para todas las sustancias o productos, para todos los negocios, de hecho ya existen códigos de casi todos los productos, de tal forma que para cada profesión tendría toda una gama de productos que son gastos deducibles.

Al tener códigos, la máquina de cobrar sabe que IVA tiene que aplicar. También nos hace la retención diaria, y si al cierre de ejercicio sale a devolver, nos la ingresa en nuestra cuenta.

Sección VI.9. La seguridad social

La seguridad social la cobra directamente el ordenador central al día, de forma que si un día no se puede pagar, en las PYMES o cualquier negocio, se tendría que despedir al empleado.

Esto se evita dando la seguridad social crédito de un mes o varios sin pagar. Transcurrido ese tiempo se debería a la seguridad social, que le embargaría el negocio si llega la deuda a 2.000 euros por empleado.

Un truco sería echar al empleado antes de producirse la deuda de los 2.000 euros, que tarde o temprano tendríamos que pagar.

Pero sin que sirva de contradicción con lo mencionado anteriormente de las deudas, se puede admitir esta deuda momentánea a La Seguridad Social, porque el Estado al cobrar más dinero, porque no hay fraude fiscal, sería muy fuerte económicamente. Serviría para muchos negocios que empiezan.

Al final todo se cobra una vez que tenga dinero, debido a que ha hecho clientes. Si no es así se debe y se puede ir al embargo.

Para empresas grandes (más de 250 empleados) o multinacionales sería también de 2.000 euros por empleado, para que no tengan privilegios en una sociedad perfecta. Esto se hace fijando un tanto por ciento cuando empieza el negocio. Por ejemplo pagar el 50% de la Seguridad Social.

En todo tipo de empresas, el ordenador central tiene que tener un programa que investigue las pérdidas para no dar excesivo crédito. Como ve se van complicando las cosas, y en el caso en que no se de más crédito, se tiene que cerrar el negocio y asumir todas las deudas.

Sección VI.10. Los fondos reservados y las dietas de los políticos

En nuestro sistema se admitiría una partida de dinero controlable sólo por el responsable del sistema, y una serie de inspectores de su confianza. Estos fondos reservados son para la lucha contra el terrorismo, confidentes de la policía, espías etc.

Quedan registrados esos gastos con tarjetas, como si fuese un empleado más, que la puede tener un espía, un policía etc. Pero cara al público, en los presupuestos generales del Estado, queda cómo un gasto especial. Lo puede investigar el responsable del sistema, para que no robe nadie de los fondos reservados.

Para un confidente de la policía, tendrían que tener máquinas especiales la policía para pagar por el dedo al confidente con un código, y puede superar los 50 euros.

Sería conveniente que los políticos no cobrasen dietas, porque éstas pueden engañar a nuestro sistema informático al averiguar nuestro sistema que es un gasto no deducible, con lo que con subirles el sueldo y no darles dietas queda el tema fácilmente solucionado.

Lo que sí se podría hacer es darles 10.000 euros al año de dietas y que nunca pasemos de esa cantidad. Habría que estudiar si esa cifra de 10.000 euros estuviese sometida a tributación.

Así el político puede pagar con las dietas zapatos, trajes, regalos a sus señoras, multas etc; tal y como sucede ahora.

Otra posibilidad es que sean gastos no deducibles y que los revierta en el Ayuntamiento u otro organismo. Por ejemplo comprar trajes para todos los concejales del Ayuntamiento; hacerlo deducible con una factura al Corte Inglés; pero no que un político se compre 5 trajes con gastos al Ayuntamiento con la tarjeta que le dan.

También se podría diseñar en nuestro sistema informático que esas dietas sólo fuesen para hoteles, restaurantes, trenes, autobuses y aviones; pero los viajes justificados.

Se podría poner un Inspector de Hacienda en cada provincia, con acceso a los ordenadores de todos los municipios de la provincia, sólo para controlar los gastos de los Políticos.

Sección VI.11. ¿Cuando se realiza la contabilidad?

Se hace a las 5 de la mañana, lo mismo que el programa del trasiego del dinero. Hace la definitiva del día y ésta es inamovible porque durante el día, debido a las devoluciones o rectificaciones, va variando. Dada la velocidad del ordenador central, ambos programas se harían prácticamente instantáneos.

Durante el día, al hacer el refresco, le llegan al ordenador central asientos contables, los cuales se pueden variar si por ejemplo se han confundido en una factura.

Esta contabilidad es parcial debido a retenciones, la real la hace automáticamente una vez al año.

Todo el trasiego de dinero en el bunker se hace a partir de las 6 de la mañana, una vez que el ordenador central haga la contabilidad y el programa que nos indique el trasiego del dinero.

Esto es muy fácil porque cualquier movimiento del ordenador central, que vino de los servidores, tiene una fecha, hora, minuto y segundo. Entonces si hacemos ejecutar el programa a las 5 de la mañana constan todos los datos producidos en las últimas 24 horas. Por ejemplo si hago un gasto a las 5 y un segundo de la mañana, ya no se incluiría, si no que se le deja para el día después.

Sección VI.12. El impuesto de las personas físicas (IRPF)

Si tenemos sólo un sueldo, no hay problema. Pero si tenemos acciones, pisos en alquiler etc; la cuestión se complica. Todo esto lo controlan muy bien los ordenadores que hay hoy en día en hacienda, pero introduciendoles los datos.

La gran ventaja de nuestro sistema respecto al sistema actual es que no hay que introducir manualmente los datos. Hoy en día hay muchas declaraciones de hacienda que se hacen por Internet, con lo que los funcionarios no introducen los datos.

Pero para estar más seguros lo va a controlar el ordenador central.

Cuando hacemos un contrato de alquiler lo tiene que saber el ordenador central. Tiene obligatoriamente que tener contrato porque lo normal es que pase de 300 euros y no sea un familiar. Sería largo el libro si ponemos todo esto al detalle porque cómo ve el sistema tiene muchas cosas.

De momento basta con decir que todo lo que piense el ser humano a niveles económicos, y otros niveles se puede programar, incluso herencias (habría una conexión del catastro y por medio de un notario) etc.

CAPITULO VII

Los diferentes negocios

Sección VII.1. Las máquinas de juego

En España la mayoría está en los bares; en otros países están en salas de juego o casinos.

No existiría moneda para jugar. Podríamos jugar con la tarjeta de debito. Sería más complicado utilizar las tarjetas de crédito, porque haríamos trabajar excesivamente a los bancos o a las centrales bancarias, y se podría gastar dinero desproporcionadamente.

Siempre le especificamos la cantidad de partidas a jugar al dar la clave de la tarjeta de débito.

Para extranjeros tampoco se cruza el gasto o ingreso de estas máquinas.

Los menores de 18 años no pueden jugar porque su tarjeta de menor no vale.

La máquina gana dinero, parte de ese dinero será para el dueño del establecimiento, parte para la empresa de las máquinas, y la otra parte para Hacienda. La máquina internamente se ocupa de todo, sabiendo el tanto por ciento que tiene que ingresar a cada uno.

Si acabamos el dinero de la tarjeta de débito, vamos al banco a cargarla otra vez. Si da el premio y queremos cobrarlo éste pasa a la tarjeta de débito.

Los técnicos de las máquinas sólo vendrían en caso de estropearse la máquina, a cambiar los programas o la propia máquina.

La máquina nos puede informar de lo que llevamos jugado, y del dinero que nos queda, introduciendo el código de la tarjeta. Al informarnos, la gente no gastaría dinero desproporcionadamente.

Estas máquinas no admitirían tarjetas de empresas o de políticos, esto evitaría que hubiese profesionales del juego de las máquinas, a los que las empresas les paguen por jugar. Y sería escandaloso que los políticos gastasen nuestro dinero en máquinas de juego, como también que en una empresa les salgan gastos del juego.

Sección VII.2. El peaje de las autopistas

En los sistemas de peaje de las autopistas podríamos utilizar el dedo perfectamente.

Se carga el dinero en una cuenta del estado, o de una empresa particular que esté explotando las autopistas. Pero también se podría pagar con la tarjeta de la empresa si justifica el viaje la empresa en una supuesta investigación, porque queda la fecha registrada; se le asignaría como gasto deducible.

Sección VII.3. Las máquinas de tabaco

En las máquinas de tabaco tendrán un lector de dedo, y siempre y cuando tengamos suficiente dinero y 18 años.

Es ventajoso para el cliente, porque no tiene que esperar a que le activen la máquina de tabaco, y lo es también para el camarero que le ahorra tiempo.

Así se podrían poner máquinas de tabaco en la calle, en analogía con las existentes hoy en día de refrescos, chocolatinas y patatas.

No admite tarjetas del menor, empresa o de políticos.

Sección VII.4. Las máquinas de refresco

En éstas vale la tarjeta del menor. Sería válido y deducible para los políticos.

Todas estas máquinas de tabaco, juego y refresco también pueden funcionar con tarjetas de crédito, dándole la clave de la tarjeta, porque esto es muy útil para los extranjeros. No valen tarjetas de empresa, porque no sería un gasto deducible.

Sección VII.5. La prostitución

Las prostitutas no tendrían máquina para cobrar, con lo que quedaría restringida a meros clubs, porque si las tuviesen, podrían vender drogas en pisos. Lo que sí podrían hacer es cobrar por medio de transferencias bancarias que no superen los 50 euros al día, 300 euros al mes o 3.600 euros al año; nuestro sistema lo admite, sería una simple ayuda.

En el club sí tendrían máquina para cobrar, con lo que se abonaría el servicio. El concepto podría ser el precio de una consumición con una señorita de compañía, o bien poniendo de concepto el ver un espectáculo erótico privado, porque en España está prohibida la prostitución.

Hacienda controlaría que estos clubs paguen la seguridad social, y estaría marcado con un rendimiento por hacienda, para evitar que se vendan drogas. De hecho las únicas redadas que se harían a esos clubs es buscando drogas, y si hay inmigrantes ilegales.

Tampoco existiría, lo que ocurre hoy en día, que tengan que pagar las chicas por salirse de la prostitución, porque se investiga el concepto de ese pago.

Se calcula el rendimiento, porque se sabe el dinero que mueve la prostitución; unos 4.000 millones de euros en España, con lo que aumentaría realmente él PIB, pero para la determinación de esta cifra no se ha hecho un estudio serio.

En muchos Clubs hoy en día existen contratos de camareras, con lo cual por lo menos pagan a la seguridad social.

No existirían prostitutas de lujo, porque estarían prohibidos los regalos tanto de pisos como de joyas, ya que puede ser un sistema de vender droga.

Sección VII.6. Los espectáculos

En los cines, teatro, el futbol, pondríamos el dedo para comprar la entrada. O bien en el futbol si somos socios, la tarjeta de socio. Hay polémica del IVA del teatro, porque lo han puesto al 21%, cuando el IVA de los libros es del 4%, y ambas actividades son cultura; la máquina de cobrar lo desglosa y la parte del IVA la ingresa Hacienda al instante porque se ha producido la venta.

Sección VII.7. Las comisiones de los bancos

Cuando hacemos un pago, sin ser transferencia, se produce una transacción de dinero generalmente de un banco a otro, con lo cual el banco cobraría una comisión muy baja para no favorecer excesivamente a los bancos en nuestro sistema.

Si es otro banco diferente; por ejemplo hacer transferencias de una cuenta nuestra a otra de distinto banco, la sube al servidor, llega la información al ordenador central, y éste lo contabiliza como un gasto, asignándoselo al banco donde tiene registrado el dedo. Sería como una factura normal entre bancos, en que en un banco registra un ingreso y en otro un gasto. Todo esto para pagos de más de 100 euros y sobre todo para transferencias bancarias.

Las comisiones las cobra directamente el banco en cada gasto, o las paga en cada ingreso.

El banco hace sus negocios y cobra comisión por tener las cuentas corrientes como sucede actualmente.

El banco es tratado como cualquier otra empresa privada, de tal forma que para un país sólo opera con una única cuenta para ingresos y gastos, y no puede operar con deudas.

Sección VII.8. Los casinos, partidas clandestinas, apuestas

Si queremos jugar en los casinos se haría con fichas como ahora; para darnos esas fichas puede ser con el dedo o por tarjetas de crédito o de débito. Cuando se devuelven las fichas, nos ingresan el dinero en la cuenta del dedo con un código, para mejor investigación del casino.

Este código sirve para elaborar la contabilidad del casino, porque el ordenador central buscaría los pagos. Valen las tarjetas de crédito, pero no las tarjetas de empresa. Nunca es deducible éste gasto, ni para políticos. Aunque sean cantidades menores de 50 euros, se genera un código para que el casino no cometa fraude.

Permitiríamos las partidas de Póker clandestinas, siempre y cuando no superen la ganancia de una persona en 3.600 euros al cabo del año. Se juega con fichas, por ejemplo en la casa de un amigo que tenga Internet, o en cualquier sitio con un teléfono móvil con Internet.

Al final de la partida se hacen transferencias por internet que no superen los 50 euros al día. Para engañar al ordenador central, si algún jugador gana 100 euros, se hace ésta transferencia en dos días diferentes, o si gana 500 euros en 10 transferencias de dos meses, por ejemplo. Excepto personas que hayan cometido algún delito alguna vez, o personas del Islam, porque pueden utilizar éste método para comprar armas. Bien programado, el ordenador central se da cuenta.

Hay otros juegos de cartas que se haría igual. Es menos problemático el jugarse los cafés por medio del domino, porque los que pierdan, pagan los cafés por medio del dedo.

También se admiten pequeñas apuestas entre amigos que no superen los 50 euros, se harían por ejemplo transferencias de 20 euros al ganador de la apuesta, u otra cantidad que no supere los 50 euros. Se pueden hacer al instante con un móvil que tenga Internet.

Sección VII.9. La loto, apuestas del futbol, bingo, hipódromos

En La Loto y otros juegos legales, se declara a hacienda el importe de la ganancia y se cobra por transferencia bancaria, menos el 20% que se lleva hacienda en cantidades grandes; para pequeñas, las máquinas de cobrar serían especiales. y nos pagan mediante el dedo.

Es parecido el bingo porque nos pagan por una máquina especial el premio con el dedo. Lo mismo que cuando recibamos el boleto, nosotros lo pagamos con el dedo. No valen las tarjetas de empresa, ni la de los políticos.

Las casas de apuestas legales, como son aquí las apuestas del futbol, serán vía Internet como ahora; las tiene que conocer el ordenador central, porque se paga y se cobra por PAYPAL o por tarjetas de crédito o débito.

En las apuestas de caballos, si acertamos, en el hipódromo nos pagan con máquinas especiales con el dedo.

Sección VII.10. El sistema contra reembolso

Siempre tenemos que vender algo legal, por lo que sólo se aplica a empresas.

Cuando cubrimos el papel del contra reembolso, la persona que está en la oficina de correos lleva los datos a un ordenador, y entonces nos pide la tarjeta de la empresa, y el concepto del producto que se va a vender. Correos nos cobra una parte, que lo saca de la tarjeta del empleado de la empresa. No se admite el dedo. El sistema informático de correos coge datos de la empresa, y le cobra como hasta ahora un coste.

Una vez que llega el producto al cliente, si quiere pagar pone el dedo en una máquina que lleva el cartero, o pone la tarjeta de la empresa, si es un contra reembolso entre empresas, pero un particular pone el dedo. Si no admite el contra reembolso se le devuelve el paquete como hasta ahora y pierde algo de dinero la empresa, que es lo que le cobró correos en un principio. Si paga el cliente se sube el concepto.

Tiene que haber acuerdos informáticos de correos u otras agencias de transporte de paquetes con él Estado para realizar todo esto.

No podría llevar droga el paquete como se sospecha que ocurre hoy en día, porque no nos cuadra en el ordenador central el rendimiento de la empresa.

Sección VII.11. Los fichajes de los futbolistas

En los fichajes de los futbolistas no hace falta dinero físico, porque se hace por transferencia bancaria. No habría fraudes como los hubo, que me costó 10 y dijo que me costó 15. Pero se sube el concepto, mediante notario, y se le asigna una clave para pagar. Sería el notario el responsable de que no haya fraude.

Sección VII.12. La forma de vender mi coche de 2ª mano

Al hacer la transferencia de los datos nos dan un valor por él, dependiendo del modelo, año, etc. Nosotros ponemos la cantidad que queremos cobrar y dos cuentas corrientes, que no hace falta que nos las sepamos, porque en tráfico tendrán un sistema que lea la huella digital, la del vendedor y la del comprador. Si lo vende un concesionario, el responsable va con una tarjeta de la empresa.

Esto queda registrado en tráfico, y al cabo del mes hay un cruce de datos entre tráfico y el ordenador central para averiguar si se ha producido la venta, y al precio convenido, con la correspondiente transferencia a la que le ha dado un código tráfico para pagar. Al darle ese código se permite la transferencia entre dos personas, que lo normal es que no sean parientes.

Tráfico informa a Hacienda de la venta.

Sección VII.13. La forma de vender nuestras joyas, anillos, sellos etc.

Vamos a sitios especializados como una filatelia, siendo la máquina de estos sitios especial, pudiendo pagarnos a nuestra cuenta corriente, señalando todo lo que nos han comprado, poniendo nosotros el dedo, y señalando la cantidad comprada y el concepto.

Lo mismo ocurre en las casas de empeño. O en un marchante de arte que nos compre un cuadro que tengamos en nuestra casa. Todos ellos tienen máquinas especiales que generan códigos. En este caso no nos da el código el servidor, es la máquina de cobrar la que genera un único código para hacer la contabilidad del negocio que nos paga. El código es el CIF del negocio que nos paga.

Sección VII.14. Pagos de comunidad, viñeta, IBI

Para pagos de comunidad, si no lo tenemos domiciliado, podemos ir al banco donde tenemos el dinero de la comunidad y poner el dedo, porque los bancos también tienen máquina de cobrar. Si es el mismo banco el de la comunidad y el nuestro, sólo se restaría de nuestra cuenta el pago de la comunidad. El banco sólo tiene que leer la factura que viene con un código de barras.

Para pagos como la viñeta, IBI etc; el sistema sería el mismo que el descrito para la comunidad.

En una casa que tenga portero, el portero no puede cobrar la comunidad como se hace en muchos sitios, si no que esté domiciliado en su banco, o ir a pagar al banco.

Estas domiciliaciones las tiene que conocer el ordenador central, porque algunas pueden ser deducibles como una oficina de nuestro negocio que sea nuestra, o los propios gastos del garaje de la oficina.

En cuanto al pago del IBI, éste puede estar domiciliado; de no estar, en el Ayuntamiento también tienen máquinas para cobrar por el dedo si es un piso de nuestra propiedad. Si es una oficina nuestra donde tengamos el negocio, es deducible el IBI.

Sección VII.15. Comprar un piso

No habría dinero negro. El notario al hacer la escritura mandaría los datos de la cantidad de la transferencia a un servidor que genera un código.

Por parte del notario funcionaría como cualquier transferencia en la que el servidor le da el código al notario, y éste guardarlo en la escritura. Eso si es al contado, si es por medio de créditos a 30 años, es el banco al que le hemos pedido el crédito el que tiene que hacer la transferencia. Si es al contado queda inicialmente como deuda en nuestro sistema de contabilidad particular que tiene el Ordenador Central. La consultamos en la WEB del ordenador central, o miramos la escritura, vemos el código y hacemos la transferencia.

El ordenador central al hacer el refresco comprueba si es correcta, y nos la lleva en caso de ser correcta a nuestra contabilidad particular de gastos e ingresos en el Municipio y en el Ordenador Central. En caso de no producirse esa transferencia se pondría el ordenador central en contacto con el notario para que éste avise a ambas partes. Pero se asigna un tiempo para pagarla, por ejemplo un mes.

Sección VII.16. Las Iglesias

En las Iglesias tendrían a la entrada de misa máquinas, a modo de cajeros, para pagar las limosnas. Lo mismo ocurre en el encendido de velas.

Esto de momento está exento de impuestos. En esas máquinas pueden tener que el dinero lo donen a Caritas. El cura dirá en la misa que está destinado a Caritas, entonces a la salida de misa o en cualquier momento del día podemos hacer la donación, pasando el dinero directamente a Caritas. Pueden tener varias máquinas de cobrar a lo largo de La Iglesia para evitar aglomeraciones.

Las grandes cantidades de dinero que hagamos a Caritas no las haríamos en esas máquinas, si no por transferencia bancaria en la que no hay límite como para partidos políticos, que la conoce el ordenador central porque lleva beneficios fiscales. Esas transferencias no llevan código porque están permitidas las transferencias a cualquier ONG. Las cuentas bancarias de las ONGs estarían también en los servidores, con lo que admite cualquier transferencia.

Sección VII.17. Donaciones para el cáncer

En donaciones como el cáncer se haría con una máquina de cobrar especial en que la cantidad de dinero a donar, se sube a un servidor, y se hace el ingreso en la cuenta de las asociaciones del cáncer.

Lo mismo para otras asociaciones sin ánimo de lucro. Nos extiende la correspondiente factura para saber que efectivamente hemos donado esa cantidad.

Sección VII.18. Las grandes superficies y tiendas de ropa

En grandes superficies todos los productos tienen código EAN (código de barras). A la hora de pagar ponemos el dedo en la máquina de cobrar o la tarjeta de la empresa.

Los menores, excepto alcohol o tabaco, pueden comprar en grandes superficies con sus tarjetas.

En otro tipo de negocios, como una tienda de ropa; lee la etiqueta de la prenda, que tendrá asignado un precio, pagándose con el dedo o con la tarjeta de la empresa, con lo que la máquina de cobrar emite un precio porque ha leído un código EAN. Se admiten tarjetas de políticos.

En estos negocios se puede devolver la mercancía en 15 días si la tienda es pequeña, o en un mes si por ejemplo es el Corte Inglés.

En nuestro sistema se puede devolver el dinero si la tienda es como si nos comprara la prenda, sí quiero cambiar por otra de diferente talla, y asignarle una nueva compra, nos cobra sólo la diferencia, porque así controlo el stock, y es la forma de rectificar sin que sea en el día. Si es en el día, con el número de factura asigno una compra de cero euros, siendo la forma de devolvernos el dinero, porque ve dos facturas con el mismo número y atiende a la última, devolviendo nosotros por supuesto la prenda.

Sección VII.19. Librerías y quioscos

En las librerías todos los libros llevan código ISBN. La máquina de cobrar lee el concepto del libro, con lo que una vez puesto el dedo en la máquina de cobrar, ésta emite el tique con el nombre del libro, y el precio de la compra.

Para quioscos sería conveniente que todos los productos tengan código de barras para que el funcionamiento fuese igual que las librerías. Los periódicos tendrían un código de barras. En las chucherías lee el código de la caja donde se encuentran, y se pone la cantidad vendida.

Sección VII.20. Las clases particulares

Sería siempre un titulado, y se establecería un precio que puede ser de 20 euros la hora por lo que estaría controlado el profesor por hacienda.

No tendrían máquina para cobrar las clases, sería por transferencia bancaria. Porque existe la posibilidad de que vendan droga. Para evitar esto las clases se darán en centros de estudio, y perteneciendo al colegio. Por ejemplo un Químico al colegio de Químicos, siendo el propio colegio el que cobre yendo, si son adolescentes a pagar con su tarjeta; si son universitarios con el dedo. Pero nunca en una casa particular, porque no se puede controlar.

Si se está en un pueblo en que no hay Colegio de Químicos pero sí centros de estudios, se hace una transferencia de dinero del colegio a la cuenta del profesor, que tendría un CIF y una cuenta particular para esos ingresos como un autónomo. Previamente una vez al mes el alumno ha hecho una transferencia al colegio de Químicos, el cual tiene CIF. El colegio le pagaría mediante transferencia al profesor. De los 20 euros, pagaría el profesor por ejemplo 2 euros a la seguridad social.

Lo lógico de todas las clases es que una vez licenciado y sin trabajo se lo busque en Academias.

Al igual que en el caso de la prostitución podrían ganar 300 euros al mes en 6 transferencias de 50 euros, sin las condiciones expuestas anteriormente, el sistema lo admite. También los jubilados pueden ganar 300 euros al mes, se admite un poco de fraude.

Sección VII.21. Cuidado de ancianos

Lo lógico es que sean enfermeras y cobren mediante máquinas de cobrar. Pero tampoco tienen que ser enfermeras, únicamente que el anciano este enfermo.

También tendrían que pagar un tanto por ciento a la seguridad social, y estarían controlados por hacienda. Pertenecerían a una asociación que se dedica a encontrarles trabajo, y funciona como una empresa normal, con máquinas de cobrar de la asociación.

Sección VII.22. Las asistentas

Estarían también en asociaciones, las cuales les buscan trabajo y cobran con la máquina de cobrar. Si no es así pueden cobrar hasta 300 euros al mes; una pequeña ayuda.

En el momento de pagar la empresa señala el concepto. Con todo esto también pagan a la seguridad social.

Sección VII.23. Las multas

Tráfico cobra al conductor por el dedo automáticamente, porque tiene máquinas de cobrar. Si no tiene dinero se asigna como una deuda que tarde o temprano se tiene que pagar.

Si es por radar nos envía una carta para que el conductor se identifique. Se puede identificar vía Internet con un código que nos manda tráfico en la carta, o bien yendo a tráfico a identificarnos. Una vez identificados, tráfico accede a nuestra cuenta, y nos cobra automáticamente entrando en nuestro banco donde tenemos la huella.

Si no tenemos dinero se utilizan los procedimientos de ahora, o bien se espera a que lo tengamos, dándonos un plazo para pagar. Concluido éste plazo se hace un recargo, tal y como sucede ahora, y si sigue sin pagar se va al embargo.

Sección VII.24. Los futbolistas

En el caso de futbolistas se establece el sueldo, que lo conoce el ordenador central, y las primas por ganar o empatar. Los rendimientos máximos de los futbolistas u otras estrellas del deporte no los limitamos; hacemos esa excepción. Los partidos de la Champions, lo que ingresa el club también se controla. No habría dinero negro, por ejemplo, los famosos maletines de primas por ganar o por perder. Todas las irregularidades que cometa la FIFA o la UEFA no se pueden hacer, las cuales están siendo investigadas.

Sección VII.25. La Bolsa

La Bolsa operaría igual que ahora, comprando y vendiendo títulos a través de los bancos. Se registra en uno de los servidores para que llegue al ordenador central, lo que hemos ganado o lo que hemos perdido.

Todo esto va al sistema de contabilidad del ordenador central para elaborarnos el IRPF, pagando si hay beneficios.

Sección VII.26. Los problemas de las grandes superficies y supermercados

La actualización de los precios de los supermercados o de las grandes superficies no se hace en la máquina de cobrar, se hace en los ordenadores de las mismas, porque fluctúan al hacer ofertas. Con lo que los ordenadores de éstas se conectan a todas sus máquinas de cobrar, gravándole a ésta el precio y el concepto. Al estar conectadas las máquinas, la base de las huellas de los clientes es más sencilla su conexión con todos los centros de cobro.

La cajera cobra también la carnicería, la frutería, pescadería etc. E igual son independientes. Automáticamente lo separa al subir los conceptos, lo que vea de carnicería, frutería u otro negocio diferente que haya en supermercados o grandes superficies. Los separa mediante el programa informático de la gran superficie, llevando el dinero a la sección de frutería, carnicería, etc; que podrían tener diferente CIF que la gran superficie, pero emplea un mismo cobro.

En algunas grandes superficies hay mercancías de una empresa, que las repone la propia empresa, y paga un alquiler por el sitio donde están las mercancías. Esta modalidad se tendría que hacer pagando la gran superficie los productos, y los que caducan los retira la empresa devolviendo él dinero. Pero todo esto con maquinas de cobrar de la empresa que surte a la gran superficie.

En los pisos compartidos se hacen transferencias, pero se van turnando a la hora de ir al supermercado; lo normal es que no pase de 300 euros al mes porque el sistema lo prohíbe, por eso viene al caso lo de turnarse.

Si es una persona contratada para hacernos la comida, que compre ella y se lo ponga en el sueldo. Con lo que las cocineras también están en asociaciones encargadas de cobrar y buscarles trabajo, y por supuesto tendrían tarjetas de empleados como cualquier empresa, y así lo que compre la cocinera queda como gasto en su asociación, la cual nos pasaría la factura a cobrar utilizando la cocinera una máquina de cobrar de la empresa a la que pertenece, como cualquier empleado de una empresa.

En todos los negocios hay que prever que el que nos sirve se equivoque al emitir la factura. Como las máquinas de cobrar tienen un número de factura, podemos mandar una orden a un servidor para que la doble. Por ejemplo en grandes superficies al pasar el código de barras, se puede equivocar señalando 2 en vez de 1, en este caso vamos con la factura y reclamamos. El ordenador de la gran superficie la tiene grabada, y con el número de factura la rectifica. El ordenador central ve dos facturas con el mismo número de factura, sólo atiende a la última, borrando la primera. Es lo mismo que la tienda de ropa.

Sección VII.27. La venta a plazos

Para este tipo de negocios, por ejemplo un concesionario de coches, tiene que saber el ordenador central el número de plazos. El ordenador central va cobrando mes a mes el dinero ingresándolo en la cuenta del concesionario u otro negocio. Si no tiene dinero avisa al negocio o concesionario para que tome las medidas legales pertinentes.

Sección VII.28. Las farmacias

En las farmacias la máquina de cobrar es diferente porque tiene que leer el grupo de pago, gratis, 10%, 40% etc; y la etiqueta del fármaco, con lo cual parte, si no es gratis, lo tenemos que pagar con el dedo (no valen tarjetas de empresas, ni siquiera de políticos) y la otra parte el órgano administrativo correspondiente.

La subida al servidor sería lo que pagamos con el dedo y la cantidad que tiene que pagar el órgano administrativo correspondiente, con lo cual la farmacia cobra siempre.

También la máquina de cobrar de las farmacias tiene que tener una lista grabada de fármacos que no entran en La Seguridad Social.

La subida de una receta lleva un código para que sólo se pueda subir al servidor una vez, para evitar que haya fraude por parte de la farmacia de subir la misma receta dos veces.

Sección VII.29. Los diferentes autónomos

En esta sección abarcarían los dentistas, fontaneros, abogados, procuradores, notarios, registradores de la propiedad, médicos etc. Para todos ellos vale el ejemplo de cómo funciona un bar. Tienen máquina de cobrar en la que ponemos el concepto o los conceptos. Para abogados, procuradores, etc; tendrán también rendimientos máximos. Tanto abogados como procuradores tendrían una tarifa máxima según sea un divorcio, delitos contra la propiedad privada etc.

Como se puede ver la cuestión se complica, y de hacerse algún día el sistema, habría que estudiar las distintas profesiones, porque por ejemplo un Arquitecto o un Aparejador para cobrar utiliza su colegio, y todo en base a un proyecto. U otro ejemplo sería la tarifa plana de 53 euros para vendedores autónomos. Sólo hemos relatado las profesiones que más problemas puede haber, por ejemplo el de dar clases particulares, la prostitución o las farmacias.

CAPITULO VIII

Cuestiones de economía del sistema capitalista, poniendo como ejemplo España

Voy a relatar cómo funciona bastante mal España, y como se arregla, pero doy muchos datos de otros países haciendo una comparación entre ellos.

Hay informes de Caritas que señalan un alto índice de pobreza en España, apenas hay ayudas como en Francia. Ultimamente hay una tímida recuperación explotanto a los trabajadores como lo hizo Alemania.

Sección VIII.1. El fraude fiscal

El fraude fiscal es muy interesante, porque es la base de que no haya deuda en muchos paises capitalistas en unos años.

El país que tiene poco fraude fiscal, 8,6% sobre el PIB, es Estados Unidos, porque está muy perseguido y se paga mucho dinero al que denuncie el fraude, sea persona o empresa. En España se va a la cárcel a partir de 120.000 euros de fraude, lo cual me parece que debería ser por menos dinero.

En España es el 25% del PIB, según información de Onda Cero; la media europea es del 13%. Son unos 250.000 millones de euros, porque el producto interior bruto es aproximadamente de un billón de euros.

De todas formas no hay estudios muy profundos acerca del fraude fiscal. Sea la cantidad que sea es mucho dinero, que arreglaría muchas cosas. La economía sumergida es de 260.000 millones de euros, la cual desaparece utilizando nuestro sistema.

En otros países el fraude fiscal es: Brasil 39%, Italia 27%, Rusia 43,8%, Alemania 16%, Francia 15%, Japón 11%, China 12,7%, Reino Unido 12,5%. La conclusión de estos datos es que nuestro sistema de acabar con el fraude fiscal sería efectivo en muchos países, y sería la solución aparte de España, para Italia, Alemania y Francia, sobre todo Francia que tiene muchos problemas debido a que da muchas ayudas.

En España, con datos del 2014, sólo se descubren 12.500 millones de euros de fraude fiscal.

La cuestión está en el fraude fiscal, que si no se hace el sistema que proponemos en el libro, se podría ir a revisar las cuentas de todas las empresas con un cuerpo de 50.000 inspectores de hacienda, por poner una cifra, y no tendrían por qué pasar todos una oposición, si no que bastaría con que fuesen meros economistas, o licenciados en empresariales que se sacarían de las universidades españolas o extranjeras, formándolos para la Inspección.

En televisión dijeron que el mayor fraude fiscal está en los pequeños negocios, lo cual parecería lógico al ser el 99,88% de empresas de menos de 250 empleados y autónomos, son tres millones cien mil empresas; el 0,12% son empresas grandes o multinacionales con más de 250 empleados; en total 3.794; por tanto al ser más empresas las Pymes, sería lógico que fuesen en cuantía las que más defraudasen, y que no iban a por ese fraude fiscal porqué desaparecerían muchas.

Habría que hacer cálculos matemáticos de cuantos parados podría sostener la economía española. De haber 8 millones, con pagarles 10.000 euros al año de media, serían 80.000 millones de gasto que los recaudo de los 250.000 millones del fraude fiscal. Todo este cálculo lo podría hacer un matemático. Esto exactamente no sería así, porque el producto interior bruto bajaría, con lo cual la cantidad que recaudaríamos del fraude fiscal sería menor. Pero pienso que daría para 8 millones de personas paradas.

La realidad es que las empresas funcionarían mucho mejor porque serían más competitivas. Los 10.000 euros sería un ejemplo y por supuesto una media, porque depende de la profesión, años cotizados, situación familiar, hijos etc; con lo que intervendrían asuntos sociales; habría reconversión de profesión, pero sería una vez acabado el paro, y sólo para miembros de la comunidad europea, los demás extranjeros se tendrían que marchar al país de origen, o a otro país al acabárseles el paro. Les obligamos a irse porque los sacamos del sistema de la huella digital y desactivaríamos los carnets.

Todos estos cálculos es un suponer porque haciendo un estudio serio puede ser la media de 8.000 euros o de 12.000. Es sólo un ejemplo.

La información que dieron en televisión es errónea, porque el máximo fraude fiscal está en las grandes empresas. El 7% del fraude fiscal es de los autónomos, el 17% de las PYMES y el resto de las grandes empresas, que supongo pactan con los políticos para que no les envíen inspectores, por eso es más seguro el sistema de nuestro libro que emplear 50.000 inspectores, porque los podrían comprar. Los datos del fraude fiscal están sacados de Internet, del periódico El país.

Hay poco fraude fiscal en las PYMES porque las persiguen y son junto con los autónomos el 80% de la economía, de los 12.500 millones de fraude que se han descubierto en el año 2014, yo estoy convencido que la mayoría es de los autónomos y de las PYMES, por eso dicen en la televisión pública que desaparecen las empresas al estar tan altos los impuestos, algunas no pueden pagar ni impuestos, ni seguridad social, sobre todo las que empiezan, y tienen que hacer clientes.

Sección VIII.2. El sistema de Keynes

El elevar el gasto público lo hizo Keynes en la gran depresión de 1929, pero supongo que lo haría en cosas productivas no en grandes obras como el AVE. Por ejemplo dar dinero a las empresas. Y lo tuvo que hacer así, si no sería imposible que acabase la gran depresión.

Como el producto Interior bruto (PIB) abarca bienes y servicios, pues se eleva al elevar el gasto público dedicado a servicios.

Esto es lo que hicieron los socialistas cuando la deuda era del 38%, tenían un déficit cercano al 9%, por eso se elevó mucho la deuda. Keynes sólo llegó a tener el 4,8% de déficit.

Tal y como está la deuda ahora cercana al 100% no se puede hacer el sistema de Keynes.

España es el país con mayor déficit en porcentaje sobre el PIB de la zona euro. En 2013 han incumplido el 6,5 que fue del 6,62. Nos exigían en el 2014 un déficit del 5,8 para el 2014 y fue del 5,7 con lo que hemos cumplido, para el 2015 nos exigen un 4,2 y va ser del 4,5. En Estados Unidos hay también mucho déficit como en España, concretamente en el año 2013 fue el 5,76%. Está creciendo pero con gran déficit, en ese sentido se parece a España, aunque están más recuperados que España.

España crecerá en el 2015 el 3%. El trabajador se ha sacrificado mucho en ésta crisis.

Otros datos del FMI que ha dado por países, para el 2015, son: Alemania 1,5%, Francia 1%, Italia 0,6%, Irlanda 3,3%. También ha señalado que en España el paro hasta el 2019 no bajará del 20%.

Estamos creando trabajo al mismo ritmo que crecemos, pero es de baja calidad. Según economistas españoles es posible crear muchos puestos de trabajo los próximos años, pero a tiempo parcial.

Recuerdo que el FMI nos había calculado en el 2013 que España iba a crecer el 0,5% en el 2014, cuando hemos crecido el 1,4%, con lo que el FMI también se equivoca, pero según los expertos es más fiable que el Gobierno que tiende a inflar las cifras, será para no asustar a la gente y crear un ambiente de optimismo.

Siguiendo con el déficit, para mí habría que sumarle el 3,8% del coste de la deuda, que está asumido como un coste, como la sanidad, la educación, las pensiones, y ya hablaremos como se elimina este coste al eliminar la deuda.

Lo que ha sido favorable para España es la bajada de la prima de riesgo, que se llegó a ahorrar 7.000 millones de euros, porque el Banco Europeo inyectó dinero, concretamente 1 billón de Euros a toda la banca de la zona Euro en el 2013. En Junio del 2014 se han inyectado otros 400.000 millones en toda la zona euro, con lo cual el euro se deprecia respecto al dólar; puede beneficiar las exportaciones. El día que dejen de inyectar dinero, lo vamos a pasar muy mal si no reducimos el déficit a 0%, que más adelante lo explicamos, por eso el euro nos favorece, y deben de inyectar dinero porque casi la mitad de la economía española es extranjera, sobre todo de Alemania y de Francia.

En enero del 2015 va a inyectar el banco europeo 60.000 millones de euros al mes durante 18 meses. Lo hace fabricando más euros con lo que se deprecia, y puede fabricar el dinero que quiera prestandoselo a la banca, pero no es una gran solución que es activar el consumo, por ejemplo dar una media de 10.000 euros al año a los que no tengan trabajo; lógicamente habrá más consumo.

Sección VIII.3. Los grandes errores de los políticos en España

La candidatura de los Juegos Olímpicos de Madrid no ha salido. Generalmente ninguno de los Juegos Olímpicos es rentable. Según mis datos, los juegos olímpicos en Madrid hubiesen sido rentables, porque en los últimos 10 años se invirtieron 10.000 millones de euros y se ingresarían 20.000 millones de euros. Pero primero compitieron con Londres, que es una economía más potente, y con Tokio, que Japón es la tercera potencia mundial a pesar de que llevan 25 años sin crecer. Llegaron a competir con Brasil y tampoco. Al no salir ha sido un desastre para Madrid, porque el Ayuntamiento llego a deber 7.000 millones de euros en el 2013 y ahora gracias a una buena gestión es de 4.800 millones de euros a Septiembre del 2014.

Hay 54 aeropuertos en España en comparación con los 18 que hay en Alemania. Sólo 10 son rentables.

Hay en España el doble de vías del AVE que Alemania, y sólo China tiene más vías de AVE que España. Y ésta inversión nunca se recuperará porque hubo que desdoblar las vías, debido a que el AVE tiene diferente ancho de vía que los trenes Españoles. El ancho de vía es muy diferente en España que en otros países; sólo Portugal y Rusia tiene igual ancho de vía que España. Hay trayectos que sin el AVE se hacían en 4 horas y con AVE en 3; ese ahorro de 1 hora de tiempo no compensa la inversión, porque existen aeropuertos.

Otro despilfarro fue el Plan E, una de las ideas que ha salido más cara. Fue de 12.100 millones. Un informe del Tribunal de Cuentas señaló que el 81% de las obras, se realizaron sin un estudio previo sobre su necesidad. Creó 200.000 empleos que duraron 3 meses, con lo que cada empleo costó 13.100 euros al mes. Esos 12.100 millones sería mejor emplearlos en más albergues para indigentes o en darles de comer; esa si sería una gran política social.

Todo este despilfafarro se ha hecho en parte con el 36% que pagan los trabajadores para una futura pensión que igual ni cobran o cobran poco, porque el sistema de pensiones va a la quiebra, aumentando desde el 2011 hasta finales del 2015 en 4.000 millones todo el coste de los pensionistas.

Para el 2014 y 2015 las pensiones suben el 0,25%. Pero la inflación en este último año ha sido sólo del 0,1%, con lo cual los pensionistas han sido favorecidos. Pero habría que subirlas un 2% o un 3%, porque desde que empezó la crisis han perdido mucho poder adquisitivo, empleando el fondo de pensiones.

Ya hablan de que en un futuro se reducen un 30%. Incluso hay gente muy negativa en España que dice que los jóvenes no la van a cobrar, y otros que se adaptarían al mercado, si va bien el país subirlas y si va mal bajarlas, lo cual es injusto porque los jubilados apenas tienen defensa. También se dice que en un futuro próximo la máxima pensión será de 1.400 euros. Pero todo esto es lógico porque venga el gobierno que venga, el sistema de pensiones en España va a la quiebra, tendrían que haberlo pensado hace 30 años como en Dinamarca u otros países, con planes de pensiones..

Sección VIII.4. El crecimiento económico

Se necesita crecer mucho para que el paro vuelva al 9% de la época de Aznar, en la que trabajaban cerca de 20 millones de personas, en comparación de los casi 17 millones a finales del 2015.

Pero en la época de Aznar se llegó a crecer al 4,5%, por eso se engrosó la Administración, se hicieron fundaciones, lo cual hoy en día produce mucho déficit. Aznar bajó impuestos porque se crecía mucho, pero sólo lo hizo una vez que se crecía, como se haría ahora si se creciese mucho, es de sentido común porque llegan muchas inversiones.

Pero una de las cosas que hizo Keynes, que no se puede hacer en España, es bajar los sueldos, porque ya de por sí son bajos para la mayoría de la gente; excepto políticos. En otros países como Estados Unidos, Francia etc; supongo que sí, de hecho en Francia el sueldo mínimo es el doble de España.

El salario mínimo y consultado para el año 2014 es el siguiente por países: España 753 euros, Francia 1.445 euros, Alemania 1.360 euros, Reino Unido 1.217 euros, Estados Unidos 961 euros. Es relativo porque habría que ver los costes de los productos.

Sección VIII.5. Los inspectores de trabajo en nuestro sistema

No serían necesarios muchos inspectores de trabajo, porque sólo habría un tipo de fraude, y es a la seguridad social y hacienda. Este fraude consiste en que trabajen en la empresa familiares del dueño, con lo que sí les pueden donar dinero al ser familiares en primer grado, y no pagar la seguridad social como es su deber, con lo que ni siquiera los tendrían contratados, o pueden estar más horas si los contratan.

Los hijos tienen que estudiar o trabajar, a no ser que se declaren ricos, con lo que la inspección sería más fácil.

Lo que no puede ser es que un trabajador este cobrando un salario por una jornada de 4 horas y trabajar 8, y se pague 4 horas a la seguridad social. Pero si tiene el contrato a 4 horas y trabajas 8 horas puedes denunciar al empresario, éste echarte y cobrar más por medio de una prestación, y es de suponer que nadie sería tan tonto de trabajar 8 horas y cobrar 4, porque si cobra más de 4 horas se detectaría el fraude porque no coinciden las horas contratadas con el salario.

Por eso, según mi libro, no vamos a consentir ninguna explotación obrera.

Sería interesante en nuestro sistema obligar a las empresas a contratar por 8 horas a cualquier trabajador, porque si se le contrata por 4 horas puede ganar menos que la prestación que le daría el estado, y sería injusto. Otra solución mejor sería el que pudiese trabajar menos de 8 horas y cobrar algo de prestación.

Sección VIII.6. El impuesto de sociedades hoy en día

En teoría, en España, una sociedad anónima cotiza el 30% del Impuesto de Sociedades y una PYME el 25%. Pero tiene ventaja la sociedad anónima porque tiene más beneficios fiscales, como por ejemplo reinversión de beneficios, con lo que teóricamente si no defraudase sería del 20,2% y una PYME el 23%, pero sólo si utiliza todos los beneficios fiscales que no es lo normal. Por ejemplo una multinacional no reinvierte todos sus beneficios.

Habría que quitar estos beneficios fiscales porque complicarían mucho nuestro sistema. Aunque todo es programable.

Puede ocurrir que un inversor extranjero no sepa la existencia de estos beneficios fiscales, entonces ve sólo el 30% del Impuesto de Sociedades, y decida no venir a España. Un ejemplo de esto es Estados Unidos que tiene un impuesto de sociedades de 32,7%, pues yo no sé sus beneficios fiscales. Aunque las grandes empresas cogen información de todo el país, pero igual no una pequeña.

Está el Gobierno quitando algún beneficio fiscal, con lo que hace es subir impuestos.

Sección VIII.7. Los negocios y el coste de los empleados

Aplicando el sueldo mínimo de 635 euros, las pagas extras, vacaciones, despido, Seguridad Social, al empresario le sale a 1.200 euros como mínimo el trabajador de 8 horas, y producir este gasto hay muchas empresas que no lo pueden sostener, sobre todo la Hostelería que es el negocio que más sufre la crisis, por eso hay que bajar mucho la Seguridad Social, y como la Seguridad Social financia sólo las pensiones, sacar dinero del fraude fiscal para financiar las pensiones, pero no sangrar al empresario, y pensando así se puede hacer el despido libre.

El sueldo mínimo en España es muy bajo, pero la seguridad social es muy alta, si se baja la seguridad social, nuestro país es muy atractivo para inversiones extranjeras.

Sección VIII.8. Multinacionales que defraudan y paraísos fiscales europeos

Una empresa legal es IBM que llega a pagar 30 millones de euros en España al año, pero compañías como Google, Facebook, Yahoo, Apple falsean las cuentas en España, y las verdaderas las declara en un paraíso fiscal. Facturan en el paraíso fiscal lo que venden por ejemplo en España; con nuestro sistema es imposible hacer esto.

El equipo de George Soros ha detectado 350 multinacionales que pagan sus impuestos en Luxemburgo, que oficialmente su impuesto de sociedades es del 29%, pues pagan pactando; y algunas pactan pagar el 1%, que es lo que sospecho que existe también en España.

Otras empresas que me parecen legales son las fábricas de coches porque es muy fácil la inspección de ellas. Pero sin aplicar nuestro sistema se pueden controlar las empresas por sus materias primas, con lo que la gran superficie está controlada. Lo mismo que las multinacionales de producción de acero; se controla la compra del mineral; igual las de Aluminio.

En resumen se pueden controlar, pero en España no se controlan porque creo que pactan unos impuestos fijos, es la única explicación lógica de que tengan tanto fraude.

Lo curioso es que un paraíso fiscal es Irlanda, que ha sido rescatada, porque su impuesto de sociedades es del 12,50, mucho más bajo que España, pero lo normal es que en toda La Comunidad Europea haya una unificación de impuestos como si fuera un único país, entonces Irlanda no sería un paraíso fiscal. Otros paraísos fiscales son Andorra, Chipre, Gibraltar, Mónaco, etc.

Al pertenecer España a Europa, nuestro sistema tendrá que hacerse en toda La Comunidad Europea, y el Ordenador Central de España podría Investigar al de Irlanda o Francia si observa fraudes, y esto impedirá que empresas de otros países se instalen en paraísos fiscales de la Comunidad Europea, porque se prohibiría un paraíso fiscal en dicha Comunidad Europea.

Para regular todo esto cada negocio tendría unos rendimientos mínimos; si es una empresa potente se podría investigar vía ordenador los costes de fabricación. Por ejemplo los ordenadores Apple, si se fabrican en La Comunidad Europea se sabe el coste, y si vienen del extranjero nos tienen que dar un coste, con lo que le aplicamos aranceles; estos aranceles tienen que ser comunes en toda la Comunidad Europea para evitar que dentro de ella haya paraísos fiscales. Pero no hay unificación fiscal ni en las 17 comunidades autónomas de España; lo lógico es que sea más difícil que exista en Europa.

Así empresas del IBEX35 (las 35 empresas más potentes de la bolsa española) hay 33 que operan en paraísos fiscales, en Europa no podrían en nuestro sistema, porque actualmente es lícito pero no ético. Con lo que euro que se gane en España, de cualquier empresa, está supeditada a impuestos, sea nacional o extranjera.

En nuestro sistema, el inspector de hacienda no tiene que ir a la empresa a que le den por ejemplo facturas falsas, si no que lo hace vía ordenador y pudiendo entrar tanto en el ordenador central, como en el del municipio que está la empresa, a investigar. Muchos inspectores de hacienda estarían en el bunker. Con nuestro sistema no necesitaríamos tantos Inspectores de Hacienda; se reducirían conforme se vayan retirando.

El propio presidente del Gobierno de España dijo en un debate del estado de la nación del año 2013, que empresas potentes estaban pagando el 0% el Impuesto de Sociedades, cuando la oposición le decía que había que aumentar el Impuesto de Sociedades. Es otra razón que me lleva a pensar, que las grandes empresas y las multinacionales pactan con el Gobierno impuestos inferiores al 30% del Impuesto de Sociedades.

Sección VIII.9. Las SICAV (grandes fortunas)

Las grandes fortunas, (SICAV) Felipe González pacto un 1%, para ellas. Se pueden constituir a partir de 2,4 millones de euros.

Menos de 3.400 sociedades de inversión de capital variable (SICAV) controlan por si solas más de 27.000 millones de euros en bienes mobiliarios.

Los 27.000 millones de euros de las SICAV al 21% que suele declarar la mayoría de la gente, serían más de 5.000 millones de euros, con lo que no se recorta en sanidad, ni en educación mucho, pero es mejor que todos los sistemas que se están haciendo. Tendrían la mayoría de las SICAV que tener esa solidaridad dada la situación del país, como hacen en Francia.

Sección VIII.10. El rescate a España

Se hablaba en el año 2011 de rescate, y no lo habrá en años. Antes de haberlo, quitan una paga extra a los funcionarios, como ya ocurrió en el 2013, después irán a rebajar las pensiones más altas. O también irían a por las prejubilaciones de los mineros. Irán a por el fondo de pensiones.

Si hay rescate y el alcalde de una ciudad que esté ganando 5.000 euros (por decir una cifra, porque aparte del sueldo hay que sumarles las dietas), Europa lo deja por ejemplo en 2.000, y eso es lo que no quieren los políticos; aparte que bajarían las pensiones un 15% o más.

Y es lógico porque el rescate hay que pagarlo, no nos rescatan gratis. De hecho ya nos han rescatado la banca en 40.000 millones de euros, que lo tenemos que pagar todos, lo cual no es democrático, porque no se puede pagar una entidad privada en una sociedad perfecta.

Sección VIII.11. El paro en nuestro sistema

No habría paro, porque harían labores de 4 horas, o si lo hay, po-drían cobrar un subsidio perpetuo de 10.000 euros al año de media que los sacamos del fraude fiscal.

Pero al percibir 10.000 euros harían labores sociales, o justificar cada semana a cuantas empresas enviaron el currículum, porque el trabajo del parado sería como en Suecia buscar trabajo. Si no cumplen se les podría bajar la prestación.

No como ahora, tengo dos años de paro y no me preocupo de buscar trabajo, a pesar de que se cobra menos que trabajando.

La cifra del paro sería mayor si no fuese porque desde que empezó la crisis 1.200.000 españoles marcharon al extranjero.

Sección VIII.12. La fuga de capitales

Sería imposible en los países que adopten el sistema del libro que se fugue mucho dinero.

Se puede abrir, en un paraíso fiscal, una cuenta vía internet sólo con el pasaporte, pero las transferencias quedarían registradas y podrían ser investigadas, con lo cual la única manera es llevar dinero físico.

Un español puede tener 50.000 euros en un paraíso fiscal o en cualquier banco extranjero si los declara.

Si vamos al extranjero, a un paraíso fiscal, tenemos tarjetas de crédito para sacar dinero físico, pero las tarjetas le ponemos un tope; 1.000 euros al día por ejemplo; ésta cantidad se fija en España de forma que en el extranjero no puedo sacar más dinero en un día. Por ejemplo si vamos a Suiza a depositar dinero no podemos sacar mucho dinero físico.

El ordenador central podría mediante programas averiguar la cantidad de dinero que hemos gastado en el extranjero. Si por ejemplo en un mes hemos gastado en el extranjero 30.000 euros en un paraíso fiscal, nos investiga un Inspector de Hacienda. Para impedir que nos gastemos 30.000 euros en un mes en el extranjero, podemos sacar leyes que fijasen un límite de dinero menor de los 1.000 euros al día para gastar en el extranjero.

Sección VIII.13. El enorme gasto del Estado

De los 468.000 millones de euros que se gastaron entre todas las administraciones en 2011 (91.000 millones más de lo que ingresaron, el déficit fue de 9,1%), el 34,8% del PIB (348.000 millones) son gastos en temas que prácticamente todo el mundo considera intocables:

Pensiones (116.000 millones de euros. Responsabilidad del estado a través de La Seguridad Social)

Sanidad (71.000 millones de euros, responsabilidad de las comunidades autónomas).

Educación (54.000 millones de euros, responsabilidad de las comunidades autónomas)

Funcionarios (49.000 millones de euros, 54% de las comunidades autónomas, 25% de los ayuntamientos y 21% estado)

Pagos a desempleados (29.000 millones de euros), responsabilidad del estado central

Intereses de la deuda (27.000 millones de euros). Todos pagan.

Quedan 120.000 millones que es por donde habría que recortar. Aunque se puede ahorrar mucho dinero eliminando las autonomías y crear un estado centralizado, y por supuesto eliminar las diputaciones provinciales que nos cuestan 27.000 millones de euros, cuya función es de intermediario entre las Comunidades autónomas y los Ayuntamientos. Se haría en unos años, pagándoles una prestación o reconvertirlos en otra profesión.

Lo que han hecho desde el año 2011 es reducir el gasto en Sanidad y en Educación (pero muy poco dinero), y quitarle una paga extra a los funcionarios. El gasto de las duplicidades que se dan en el punto 4 entre las Comunidades Autónomas, Ayuntamientos y Estado, es de 24.000 millones de euros.

Como pueden ver el gasto de toda Administración es del 46,8% del PIB, que es la clave de nuestra actual situación, el Gobierno en el 2013 se ha dedicado a aumentar los impuestos, para aumentar los ingresos del Estado, pero la auténtica reducción del déficit, tiene que venir por la reducción del gasto público. Porque al querer aumentar los ingresos vía impuestos, se recaudó menos dinero; lo que ha hecho el gobierno en el 2013 es hacer desaparecer muchas empresas y aumentar el punto 5 de gastos a los desempleados. Entre le 2014 y 2015 ha disminuido el paro.

Pero tiene que bajar el gasto público (¿echar a la mitad de los políticos?). En el año 2013 se ha reducido la administración en 400.000 personas, los técnicos estiman que se puede reducir en 800.000 personas la Administración, lo cual sería muy conveniente para bajar más el gasto público y no subir impuestos, porque como hemos demostrado que se puede sostener el país con un paro flotante de 8 millones de personas. Estas 800.000 personas no tienen oposición, son contratados, o en el caso de profesores son Interinos.

Con sistemas informáticos mejores que los que hay ahora, mi opinión es que se puede reducir más la Administración. Por ejemplo eliminando muchas Universidades.

Otro defecto son las empresas públicas, han aumentado el número de trabajadores en 12.000 debido a una política de amigotes. Así no son rentables. Por eso una vez que las privatizan logran mayores beneficios, lo cual yo soy partidario de que haya empresas públicas para acometer créditos, pero sin amigotes, y ya sé que esto en España es muy difícil. Una sospecha que tengo es que otra razón de que teóricamente vayan mal éstas empresas, es que no pagan correctamente sus empresas, con lo cual la propia Hacienda pública es defraudadora.

Sección VIII.14. Cómo arreglaría yo el país, de ser el Ministro de Economía

Iría a por el fraude fiscal, elevaría el número de parados a 8 millones, con gente que sobra y no hace nada y está por amigotes (políticos, funcionarios contratados, enchufados de las empresas estatales y personal de las fundaciones). Esta gente cobraría una prestación de por vida, como cualquier parado, con unas condiciones, pero siempre respetando la constitución de tener una vida digna. Para los que sólo tengan la profesión de político tendrían que buscarse otra profesión, o dejarles que se sigan dedicando a la política sin cobrar nada o que les pague el partido político correspondiente.

Con lo cual cerraríamos muchos edificios donde están ahora, ahorrando en luz, limpieza, personal de seguridad etc. Sólo cobrarían de la política los ministros, los diputados del congreso, los Alcaldes de las principales ciudades y poca gente más.

Eliminaría las autonomías y todo lo centralizaría en Madrid. Bajaría el IRPF para activar el consumo.

El coste máximo del IRPF es del 52% en España, excepto en Cataluña que es del 56%, lo cual, para mí, no es lógico porque gana más el Estado que el ciudadano de su dinero, pero ésta cantidad es en el tramo máximo que es a partir de 300.000 euros. Dejaría ese tramo máximo en el 35% como Estados Unidos.

España es el quinto país que más IRPF tiene en el mundo. El que tiene más es Aruba con el 59%, después Suecia con 56,6%. Otros países son: Alemania 45%, Francia 45%, Italia 43%.

Bajaría el Impuesto de Sociedades al 15%, o al 19% como Singapur, pero sin ningún beneficio fiscal; al pagar los impuestos habría inflación en empresas que no pagan nada o poco, porque subirían los precios.

Así las multinacionales que no pagan no se marcharían, y favorezco a las que pagan correctamente como por ejemplo IBM. Para las PYMES sería también del 15% o del 19% porque en una sociedad perfecta sería justo que una PYME tuviera un Impuesto de Sociedades igual que una multinacional.

Lo que pasaría es que nuestro país sería muy atractivo para empresas extranjeras, con lo que gradualmente bajaríamos el número de parados, hasta situarlo en torno a los 4 millones o 3 millones, como en la época de Aznar que se crecía al 4,5% y se bajaron impuestos, para aumentar todavía más el Producto Interior Bruto (PIB), con un paro del 9% y de esta manera habría 4 millones de trabajadores más, que beneficia a la seguridad social y mejora el tema de las pensiones. Aumentarían los autónomos porque pueden competir con las multinacionales.

Estos 3 millones de parados serían gente poco preparada. La gente preparada hoy en día emigra a otros países donde les pagan más, como Australia, Alemania etc. Dos de cada tres jóvenes tienen pensado ir a trabajar al extranjero. Para evitar esto haríamos fuertes inversiones en I+D (Investigación y desarrollo), para que no se fuguen talentos.

La gente poco preparada no gana dinero en el extranjero, porque hacen los peores trabajos, y es mejor que no se vaya, si no que se la prepare en España, en algún oficio que haya demanda de trabajo, aunque no les guste, que están ahora ocupados por extranjeros.

Sección VIII.15. El futuro que nos espera si no se hace lo que yo sugiero

El déficit aún al 4,5 o al 3 haría sumar la cuenta de la deuda progresivamente y esperando crecer, cuyas previsiones en los próximos años son buenas. De crecer, para remontar, tendríamos que crecer mucho con respecto al del déficit, que es un lastre. El déficit de la Seguridad Social va en aumento a un ritmo geométrico de 1.000 millones de euros al año. Ninguno de los políticos actuales tiene ninguna solución.

La deuda de Japón ha llegado al 240% porque a la hora de pagar, parte de ella, una vez que vence el plazo, emiten más deuda para pagarla; pero es interna.

Existe la teoría de que España camina hacia el modelo Japonés, pagando la deuda emitiendo más deuda, con lo que aumentarían todavía más los impuestos.

Todo un drama.

Sección VIII.16. En nuestro sistema, todo el mundo cobra

Todo el mundo cobraría una prestación. Sólo se hace en Alaska y es de 2.500 dólares, aunque por lo menos en 25 o 30 países puede hacerse; por ejemplo España es el país 25 en renta per cápita y se podría hacer.

En Dinamarca si te quedas en paro, y a las tres semanas te ofrecen un trabajo; si no lo quieres te quedas sin paro. En España puedes estar 2 años cobrando el paro yendo una vez al mes al INEM y nada más.

Habría un paro flotante de 6 millones de personas que igual al cabo del año sólo trabajan 6 meses. Pero nunca dejarlos sin dinero para vivienda y comer, que lo dice la constitución.

Habrá gente que no quiera trabajar, con lo cual se saca una ley de vagos y maleantes, y se le mete en la cárcel si por ejemplo en 2 años a desechado 6 trabajos que le han ofrecido de su profesión. Únicamente que tenga mucho dinero y no quiera trabajar, con lo que por supuesto no cobrarían ninguna prestación. Las personas que no quieran trabajar no percibirán ninguna prestación.

Así será más fácil investigar delincuentes, porque lo normal es que no trabajen. Existe la posibilidad que al tener tanta protección el parado, puede tener un comportamiento de vago o chulesco en los trabajos para que lo echen, esta posibilidad se investigaría si continuamente le están echando de los trabajos, y se le mete también en la cárcel, o se le va reduciendo poco a poco la prestación hasta que tenga un comportamiento correcto.

Sección VIII.17. Teoría de cómo se hace que el país tenga déficit 0%

Eliminando muchos políticos, que se haría eliminando el estado de las autonomías, con lo cual no tendríamos de gasto los 24.000 millones que nos cuestan las duplicidades de las autonomías, eliminando las diputaciones que nos cuestan 27.000 millones. La suma de estas cantidades es de 51.000 millones que representa el 5,1% de déficit, sin evaluar el coste de edificios como la luz, limpieza, seguridad etc. Si el déficit del 2015 va a ser del 4,5% ya tenemos un superávit del 0,6%, con lo que podremos hacer ayudas sociales.

Y es así de fácil, porque como diremos que en trece años eliminamos la deuda y operamos con 8 millones de parados, entre los que estarán personal de las diputaciones, pero cobrando dinero de una prestación.

Esperanza Aguirre calcula que centralizar la Sanidad, Educación y Justicia ahorraría al estado 48.000 millones de euros, que es el 4,8% del PIB, con lo que tendríamos el 0,3% de superávit.

Y hay que hacer el déficit 0% antes de acometer nuestro sistema, porque el sistema del libro necesita mucha legislación, cablear todo el país con fibra óptica, y muchos programadores debidamente dirigidos. Se haría poco a poco empezando por ciudades y extendiéndose por todo el país.

Sección VIII.18. La gran presión fiscal existente en España con nuestro sistema

La presión fiscal en España es con datos del 2011 del 38% (que es el dinero que recauda el Estado por todos los Impuestos), en los países Bálticos es menor. El país con mayor presión fiscal es Suecia con el 51,4%. En Estados Unidos es también más alta que España. En Francia e Italia es del 45%, y en Alemania del 40%. La media de la europa comunitaria es del 40%

A esta cifra, en nuestro sistema, habría que sumarle el fraude fiscal, porque no lo habría. Suponiendo que el fraude fiscal sea del 25%, tendríamos una presión fiscal en España del 63%, que es altísima. En el 2013 también fué del 38%. La media Europea del fraude fiscal es del 13%, entonces tendríamos que en Europa, poniendo por ejemplo la media europea del fraude fiscal, dicha presión fiscal sería del 53%, en comparación con el 63% que tendríamos en España, si no hay fraude. Pero la vamos a hacer todavía menor, del 47% un poco más que Francia que es del 45%, porque en Francia tiene muchas ayudas, siendo el modelo a seguir.

CAPITULO IX

Como acabar con la deuda. Como ejemplo España

Es válido para muchos países. Donde mejor funciona en la Europa Comunitaria es en Italia con un 27% de fraude fiscal, en España tiene cerca del 25% del Producto Interior Bruto (PIB) de fraude, que lo eliminamos según hemos explicado en el capítulo de la Tecnología.

En España el Producto Interior Bruto (PIB) es aproximadamente de 1 billón de euros, con lo que el dinero defraudado es en torno a los 250.000 millones de euros. Pero vamos a bajar mucho los impuestos para que vengan empresas, porque la cuestión es bajarlos pero cobrarlos, y ya hemos demostrado como se hace.

Toda la bajada espectacular de impuestos que haríamos daría como resultado que no lograríamos los 250.000 millones de fraude fiscal en España, pero sí 150.000 millones.

Podemos sacar de esos 150.000 millones una partida de 80.000 millones para que en 13 años no tengamos deuda pública.

Los 13 años son un ejemplo, porque puede llevar más años si no acometemos el sistema del libro cuanto antes, porque la deuda se prevé en el 2016 a más del 100%. O llevar menos años si en vez de los 10.000 euros de media que damos a los parados, haciendo un estudio serio sea de menor cantidad.

Entonces el lector pensará 80.000 millones de los parados, más 80.000 millones de la deuda salen 160.000. Aquí hay un truco; y es que no serían 80.000 millones más de los parados porque ya estamos pagando 29.000 según datos del 2011, que en 2015 es parecida, porque a pesar de haber más parados, la mitad no cobran, con lo que sale un gasto de los hipotéticos 80.000 millones de 51.000 millones, que sumados al adicional de 80.000 millones nos dan 131.000; elimino la deuda y logro un superávit del 1,9%.

Los 10.000 euros sería una media de lo que se le da a una familia, porque por ejemplo a un soltero de 25 años se le daría menos. Todo esto habría que calcularlo, sólo lo hemos puesto como ejemplo. Otro ejemplo sería un matrimonio sin hijos y los dos en paro, se le daría la prestación sólo a uno, etc.

Una vez pasados los 13 años, no tenemos que destinar 80.000 millones para la deuda, porque ésta no existirá, entonces podemos bajar la presión fiscal hasta el 47%; con lo que nuestra economía quedará saneada como los países Bálticos y del Norte de Europa.

En estos 13 años la presión fiscal sería del 53% que resulta de sumar 38% + 15%. Si bajamos más los impuestos hasta el 47%, perdemos 60.000 millones de los 80.000 millones que nos ahorramos de la deuda, porque bajamos la presión fiscal el 6%, con lo que seremos más competitivos y vendrán muchas inversiones, con lo que por esa parte tenemos superávit de 20.000 millones; sería el 2% sobre el PIB.

Hay que sumarle los 38.000 millones que actualmente estamos pagando de intereses de la deuda (2015) que no existirían porque no tendríamos deuda, que sería otro 3,8%. Estos 38.000 millones disminuirían progresivamente según vayan pasando estos trece años.

Lógicamente en estos años apenas vamos a emitir deuda, y por supuesto bajar el déficit.

Por toda esta exposición no estoy de acuerdo con que peligran las pensiones, porque dentro de 13 años habrá dinero procedente del fraude fiscal para disponer de dinero para las pensiones, en vez de que sólo las sostenga la seguridad social. Habría una gran política social como en Francia.

Mientras, en estos 13 años las subimos según suba la vida, con el fondo de pensiones que es en el año 2015 de 53.000 millones de euros, que a una media de 3.000 millones, serían 39.000 millones de euros lo que vamos a gastar en estos 13 años del fondo de pensiones, para subirlas por ejemplo una media del 2%, aunque la inflación sea menor.

Para otros países sería parecido, cómo la media europea es del 13% de fraude fiscal, y en nuestro sistema no existiría, pues se haría igual. Lo mismo para Estados Unidos u otros países capitalistas, porque todos tienen el problema y solución del fraude fiscal; pero Estados Unidos tiene un 104% de deuda y sólo tiene el 8,6% de fraude fiscal, con lo que sin bajar los impuestos en menos de 15 años se eliminaría, sólo si baja mucho su déficit, si quieren hacerlo en pocos años tendrían que aumentar impuestos, porque el tipo máximo de IRPF es del 35%, pero sólo tienen el 6% de paro, con lo que destinarían poco dinero a la paga social, tendrían también que bajar el armamento y vender más petróleo. Pero tienen un Impuesto de Sociedades del 32,70%, que es alto en comparación con otros países.

Para Francia y Alemania se haría en menos años y manteniendo el déficit debido a que tienen entre el 15% y el 16% del PIB de fraude fiscal, pero con un paro del 10% en Francia y del 5,2% en Alemania, con lo que el dinero que se destinaría a todos los parados sería menor. Los trabajos a tiempo parcial que tienen en Alemania, en similitud con España, se podría dar además una pequeña prestación.

Por ejemplo en Japón la deuda es de 240% y tendrían que estudiar un plan a 20 años por ejemplo. Aunque no tienen mucho déficit exterior, llevan 25 años sin crecer, y su deuda es interna. Es parecido a España porque el tipo máximo de impuestos es del 50%, siendo en España del 52%. Si bajan impuestos el plan puede ser a 30 años. Además el Impuesto de Sociedades también lo tienen alto, el 28%. Pero siguen siendo la tercera potencia del mundo.

Como curiosidad Irlanda, que fue rescatado, tiene un Impuesto de Sociedades muy bajo, el 12,50%. El país que lo tiene muy bajo es Suiza, 6,70%, que no pertenece a la Comunidad Europea. Otros países de la Europa Comunitaria son: Francia 34,40%, Italia 27,50%, Portugal 25%, Reino Unido 26%.

CAPITULO X

Los defectos de la sociedad, poniendo como ejemplo España

Sección X.1. Más del 40% de la gente vive mal en España

En España el 30% de la gente que trabaja gana 1.000 euros netos o menos. De los 17 millones de trabajadores son 5,1 millones. Hay 4,1 millones de parados. Por tanto hay 9,2 millones que viven mal, que divididos entre 23 millones de personas en edad trabajadora nos da que un 40% de la gente vive mal.

El desfase que hay 17+4,1 son 21.1 millones, en vez de 23 millones, sale de gente que su familia tiene dinero y no quiere trabajar, o de indigentes, o de amas de casa, o de jóvenes que ni estudian ni trabajan, y son estos el 18% de los jóvenes en España frente al 12% de Europa. O también de gente desmoralizada porque le hacen hacer cursillos, los cuales hace años se pagaba a la gente por hacerlos, y ahora no. También de gente que está en la economía sumergida, ganando más que trabajando.

Citar que el 12% de la gente que trabaja lo hacen en contratos de tiempo parcial de menos de 500 euros, con lo que se pueden considerar pobres.

Por eso tal y como actualmente está organizado el capitalismo en España, es una esclavitud para mucha gente.

Para esta gente que gana mil euros o menos, el comprarse un piso es imposible, se les obliga a vivir de alquiler. Hoy en día para concederte una hipoteca en España, se exige una nómina de 2.000 euros.

Como dato el 1% de la población mundial tiene el 50% de la riqueza mundial.

Sección X.2. El problema del paro

De los 4,1 millones de parados, la mitad no perciben nada de dinero, 1 millón son universitarios, otro millón tiene formación profesional y 2,1 millones sin ninguna cualificación, muchos ni el certificado escolar, lo cual es debido a que dejaron los estudios para ser peones de la construcción, y ahora que la construcción va mal no encuentran trabajo.

Estos 2,1 millones tienen que emigrar a otros países a trabajar en los peores trabajos, como vinieron extranjeros sin formar a España, pero ganarían poco dinero. La solución que damos en este libro es pagarles según sea su situación familiar, y formarlos en algún oficio que están ocupando extranjeros.

Se calcula que de los 4,1 millones de parados, hay 2 millones que trabajan en la economía sumergida la cual desaparecería con nuestro sistema. Se estima que 1 millón de jubilados también están en la economía sumergida, ya que su pensión es muy pequeña.

Aun creciendo al 3%, esta gente que no tiene formación, es muy difícil que encuentre trabajo en España, si no que llegaría gente del extranjero.

Con lo cual España estará en los próximos años en tasas de paro entre el 20% y 22%, mientras en Francia está en 10,9%, Reino Unido 7,5% y Alemania entre el 5,2%.

Sección X.3. Por qué hay que repartir la riqueza

El producto interior bruto de España PIB (que es lo que se produce y se vende, más los servicios) es de 1 billón de euros aproximadamente, y si lo dividimos por 23 millones de trabajadores nos da un valor de más de 40.000 euros por trabajador y sin haber paro, con lo cual el verdadero problema de este país, como de otros países capitalistas es el reparto de riqueza.

El producto Interior Bruto lo elabora el Banco de España y exactamente era de 1,05 Billones de Euros al comienzo del 2013. A esta cifra habría que sumarle los 4.000 millones de euros, que produce la prostitución, y otras cantidades como las drogas ilegales, la mendicidad, contrabando, juego ilegal y lo que venden los negros; serían unos 8.700 millones de euros estimados a finales de Septiembre del 2014 (pero no han hecho un estudio serio), que en realidad seguimos tan pobres como antes, pero lo incorporaron en el 2014 al PIB con lo que bajaron el tanto por ciento de la deuda.

Con datos sacados de Internet del 2009, en España el PIB era de 1.1 billones de Euros, en Italia 1,6, en Reino Unido 1,8, Francia 2, Alemania 2,56. El país más potente es Estados Unidos con un PIB de 13,2 billones de euros, pero también tienen mucha deuda, 16,7 billones de dólares, con un 104% del PIB. China puede llegar en poco tiempo a ser la primera potencia mundial en PIB en el mundo, con una deuda de sólo el 6% del PIB.

Sección X.4. Cómo se minimiza la pornografía infantil

En buscadores como Google, Yahoo, etc; se hace una legislación de forma que se puedan poner las palabras pornografía infantil, u otras combinaciones, pero no buscarían nada.

También en sistemas de descarga de ficheros como emule, torrent y otros, hacer lo mismo que lo relatado para los buscadores. Lo mismo se haría con páginas de fabricación de armas, explosivos o asesinos a sueldo.

Sección X.5. Los políticos son un problema

El problema de los políticos es que son los que hacen las leyes, por eso es tan importante la política. No tienen ninguno ni idea de solucionar los grandes problemas.

Hay todo un desinterés de la gente por la política porque no defienden los intereses de la gente.

Los políticos son meros empleados con un trabajo difícil que es soltar discursos, los cuales ya los entrenan a partir de los 18 años. La ventaja que tienen es que están muy informados. Pero tienen una gran cualidad, y es que tienen mucha memoria, con lo cual memorizan casi todo lo que le dicen los asesores que tienen.

Cuando el Gobierno lo ocupa otro partido político, se cambian todos los altos cargos de los organismos, produciéndose un gran descontrol, muchos de ellos sin estudios, o con estudios que no tienen nada que ver con el cargo.

Puede hacer algo el Alcalde de un pueblo o ciudad.

En Estados Unidos cuando una persona tiene cierta experiencia de gestor de empresas, es cuando accede a la Política.

La Vicepresidenta del anterior Gobierno Socialista acusaba a uno de venir a por el poder, ¿pero qué poder?, si son empleados míos. Es un comentario propio de una dictadura, y no de una democracia.

Además se puede dar el caso de que si vas a vender algo, te dicen cuánto dinero das al partido. Esto último supongo que lo hacen todos los partidos políticos de una forma legal; por ejemplo una donación de dinero al partido es legal mientras no sean más de 60.000 euros. Ahora lo quieren bajar a 50.000 euros.

Así aparecen políticos con mucho dinero, porque se sospecha que se lo da el partido, lo cual si declaran ese patrimonio es legal. Si no lo hacen así y perciben dinero negro cometen un delito. Habrá gente que se lo quede para sí mismo, y no para el partido, a pesar de que piden la donación en nombre del partido.

Con toda esta exposición han hecho que el robo de los partidos políticos sea legal, con lo cual hay gente que ha declarado darles 60.000 euros.

En nuestro sistema cantidades mayores de 3.600 euros al año sólo se podrían dar sin ninguna limitación a Caritas, La Cruz Roja, o a una ONG.

La ley actual dice que sólo se puede donar 60.000 euros a un partido político, como estas donaciones son mucho mayores, por ejemplo 3 millones de euros en potentes constructoras, se produce el dinero negro que tienen los partidos políticos (Información dada por ES radio).

En Estados Unidos se admiten donaciones anónimas mientras no superen los 2.500 dólares, en España no.

Escuche a un político decir que sólo ganaba 4.500 euros al mes, de los cuales 1.400 euros se los daba al partido. En este caso hay que admitirlo, y sería una solución para que se financien todos los partidos políticos, como miembros del Opus Dei dan dinero, Masones también, pues miembros de partidos políticos también; pueden dar el dinero que quieran a su organización.

Pero aún siendo miembro, se podría limitar estas aportaciones máximas, por ejemplo 30.000 euros, porque si no un constructor podría donar 3 millones de euros haciéndose miembro del partido para un gran favor, o para un delito de cohecho (escoger el proyecto del que ha dado más dinero al partido).

El ordenador central tiene que saber a las asociaciones que pertenecemos, para autorizar estas transferencias de dinero, y tiene que conocer la cuenta de las asociaciones, para autorizar las transferencias o donaciones, bien sean sindicatos, masones, Opus

Dei o partidos políticos. Esta información la sabrían todos los servidores del país.

Pero tienen que ser asociaciones investigadas, porque si no con la disculpa de pertenecer a una asociación de bolos, estén vendiendo droga; se estudiaría para cada tipo de asociación un límite de dinero, porque no es lo mismo una asociación de bolos, que un partido político. Para Caritas, ONGS y Cruz Roja, se puede donar cualquier cantidad, porque todos los servidores sabrían las cuentas corrientes de todas ellas. Estas donaciones tienen deducción de Hacienda.

Pero si se admitirían donaciones de gran cantidad de dinero o propiedades por herencia, pagando los impuestos pertinentes, que es lo que hacen muchos miembros del Opus Dei. Para donar pequeñas cantidades de dinero no va a pertenecer casi nadie a un partido político.

Los partidos políticos se espían unos a otros en busca de escándalos, e incluso entre miembros de su propio partido político se critican. Según un periodista de La Nueva España de Asturias llamado Neira lo hacen de la siguiente manera: existe una red por la que podemos espiar cualquier teléfono móvil desde hace 20 años. Entonces espían un teléfono de una persona importante, por ejemplo un tesorero de un partido, y encuentran algo irregular, lo graban y se lo llevan a un Juez afín al partido, entonces el Juez lo hace legal e intervienen el teléfono.

Da la impresión de que los políticos estudien pequeñas soluciones que no arreglan nada o casi nada los problemas de la gente, pero tienen grandes sueldos, asesores que suelen ser parientes, coches oficiales etc; porque tanto la bajada de velocidad, como el copago, la reforma laboral, el impuesto a la banca, no solucionan el pago de la deuda, que hemos demostrado como pagarla para España.

No tienen convenios salariales como otras profesiones. Son profesionales de la política y no se les exige ningún estudio. Se ponen el sueldo que quieren además de las dietas.

La misión de los políticos es no alarmar a la gente, como hicieron los socialistas ocultando la crisis durante dos años; y ahora la derecha está ilusionando a la gente con una subida del PIB del 3%, del año 2015, entonces que le pregunten a la al 40% de la gente que vive mal que la crisis ha acabado.

Lo que roban los políticos es del 0,9%, información dada por el periódico la Nueva España. Por eso para mí no es ni importante, al ciudadano le cuesta más el banco.

De hecho uno de los mayores problemas que hay en España, Italia y Grecia es la corrupción política, porque desestabiliza todo el sistema político; no por la cantidad robada.

Yo defiendo el que haya dos partidos mayoritarios como en Estados Unidos, porque si no es así tienen que pactar con partidos pequeños, los cuales no tienen gente competente, y viven de esos acuerdos sin aportar nada.

Habría que cambiar la ley electoral y hacerlo a dos vueltas, como en otros países, y en el congreso estén sólo los dos partidos mayoritarios, como en Estados Unidos.

Sección X.6. Los supuestos sobresueldos de los políticos

Pero mientras nuestros dirigentes ganan un buen sueldo, más el dinero que se sospecha de sobresueldos del partido, cuando se produzca la quiebra, los políticos que deben de tener mucho dinero en paraísos fiscales, si es verdad que cobran sobresueldos, nos dejarán solos.

Es prácticamente imposible demostrar que cobren los políticos sobresueldos, porque de existir, los llevan a paraísos fiscales y es la palabra del que le acusa contra la palabra del político, porque el político de cobrar sobresueldos no firma ningún papel, y un juez sin pruebas no los puede condenar. Es parecido a encontrarse en el monte una bolsa llena de dinero, porque no les pagan en su despacho, si no que quedan en verse en cualquier sitio. Pero sí tienen que firmar los fondos reservados, como hacían Roldán, Barrionuevo y Vera, por eso los metieron en la cárcel.

Se sospecha que Fidel Castro tiene mucho dinero en Suiza por temor a una invasión americana, y se podría marchar del país.

Sección X.7. La excesiva cantidad de políticos

Uno de los grandes problemas es que hay 445.568 políticos en España y cobran mucho, con una población de 47 millones.

Aparte de esa cantidad de políticos, están los periodistas que hablan de los políticos, recaderos, guardaespaldas, coches oficiales etc. En Italia hay 220.000 políticos aproximadamente, con una población de 60 millones, y en Alemania 140.000 con una población de 82 millones, superior a la de España, en Francia 250.000 para una población de 65 millones.

El gran error de los dos partidos mayoritarios es no echar a 350.000 políticos eliminando las autonomías, centralizándolo todo en Madrid.

Alemania es un Estado federal y España es un Estado autonómico. Ambos sistemas son parecidos, sólo se diferencian en que el Estado Federal no hay las duplicidades de las comunidades autónomas, al estar las funciones mejor definidas.

Sección X.8. ¿Cómo funciona la política?

El político tanto de Derechas, como de Izquierdas, lo sospecho por gente que me lo ha dicho, pero es indemostrable, pide dinero para el partido, cuanto más dinero logre más arriba está en su profesión.

Se dan casos en los que lo que quieren es absorberte tu empresa, por eso en los mítines hay forofos del partido, con lo que tanto las derechas, como las Izquierdas tienen votos fijos, pero así funciona la política.

Puede suceder que haya 3 proyectos y se lo den al que más dinero da al partido, esto es un soborno (delito de cohecho).

La gente que no es forofo de ningún partido sólo vota al que cumple, y no va a mítines ni a nada, y el que no le convence ninguno que es el 45% no vota.

Hay inspectores de Hacienda que solicitaron investigar las cuentas de los partidos, si lo logran la gente se creería más en ellos.

Sección X.9. Lo que ocurre cuando un partido político llega al poder

Cuando llega un partido al poder pone a sus hombres de confianza en Ayuntamientos, y se dan paradojas como que un jardinero es Jefe de Urbanismo, y está por encima del Arquitecto, aparte de no tener ni idea cobra más, cuestión ésta que no ocurre en Estados Unidos.

En España se hacen amnistías de un partido a otro, con lo que la profesión que menos gente tiene en la cárcel son los políticos. Por ejemplo el presidente del Gobierno ha indultado a 400 personas en el año 2014; hay periodistas que sospechan que algunas sean del partido rival.

Sección X.10. Las Huelgas generales y los sindicatos bajo sospecha

La huelga general no soluciona nada, es sólo ventajosa para la oposición, porque la gente que va a la huelga general no cobra, lo mismo que el empresario que cierra su negocio. Si quieren los sindicatos una huelga general, que sean ellos los que paguen todo el mal que producen a la economía.

Yo, como ciudadano, por lógica no tengo porque financiar un sindicato. Tampoco tengo que financiar un partido político, ni a un banco, porque es una entidad privada. Pero que conste que no arruinan al país, si no que crea envidias, porque la gente dice que bien viven estas personas.

Siguiendo con los sindicatos, la máxima financiación son los cursillos, y han hecho que sean sólo válidos los cursillos que den ellos, por qué no los puede dar una academia que no pertenezca a ningún sindicato; incluso tienen fundaciones que pagamos todos.

La financiación de los sindicatos debería ser por los liberados sindicales, porque el 90% de su financiación es de todos los trabajadores, cuando ni él 10% de los trabajadores son los que pertenecen a ellos. En Alemania los financian sólo los trabajadores que pertenezcan al sindicato. Según libertaddigital.com en su sección de economía, el número de liberados sindicales son en España 57.000 y cuestan a las empresas 1.600 millones de euros.

Los sindicatos son los encargados de hacer los convenios salariales junto con la patronal (Asociación de empresarios CEOE), pero pactan sueldos ridículos, sobre todo para gente poco cualificada, aunque un universitario tampoco gana demasiado dinero, pero sí ganan mucho dinero los altos cargos del sindicato.

Aparte de que los sindicatos los financiamos todos los españoles, no hacen gran cosa; hace más el comité de empresa. Servirían si en las grandes multinacionales no consintieran sueldos ridículos, por ejemplo de las cajeras, siendo muy grande los beneficios de éstas multinacionales.

Hoy en día, en democracia, existen organizaciones de abogados, que te pueden defender de abusos por parte del empresario, o por cualquier otro problema que tengamos, sin tener uno que estar afiliado a un sindicato. Porque oficialmente estamos en democracia, y en un juicio teóricamente se defiende tanto al obrero, como al empresario.

Sección X.11. La financiación de los partidos políticos y Estados Unidos como ejemplo

El 80% de la financiación de un partido político es de todos nosotros, el otro 20% es de afiliados o como se sospecha de comisiones.

Por ejemplo en Estados Unidos, en la campaña de Obama, su partido pidió dinero a la gente, que es lo que se tendría que hacer en España. Pero el máximo gasto de los partidos políticos en Estados Unidos es la publicidad, sobre todo en televisión, cuestión ésta que en España es gratis en la televisión pública, por ejemplo cuando hay debates entre los dos candidatos de los dos partidos mayoritarios.

Sección X.12. La financiación de partidos políticos en Alemania y Francia

Los partidos políticos alemanes rinden cuentas públicamente sobre la procedencia y uso de recursos y patrimonio. Se financian a través de afiliados y donativos, solo reciben dinero del Estado para cubrir los gastos electorales en función de sus resultados, con este sistema pretenden acabar con la influencia mutua que se puede llegar a ejercer.

El sistema francés está en la otra orilla. Sus partidos se financian, en su gran mayoría, a través de dinero público en forma de subvenciones.

Ambos sistemas tienen que rendir cuentas a Hacienda, que es lo que se debería hacer en España.

Sección X.13. La financiación de los sindicatos y la patronal

Que sea el propio sindicato que les ponga unas cuotas más altas a los trabajadores para que se financien, pero yo no.

El estado les da 15 millones de euros a CCOO y a UGT, a repartir entre ambos, y a otros como USO medio millón de Euros, lo cual es injusto, no es democrático. Y es lógico porque yo no soy socio del Real Madrid por ejemplo, y así el Real Madrid que es un gran club, tanto como el Barcelona, Bayer, etc; si quiero me hago socio y colaboro. Esto si sería una sociedad perfecta.

Pero yo no tengo porque financiar un partido político, ni un club de caballos, de futbol, ni sindicatos, ni nada.

La patronal junto con los sindicatos hacen los convenios salariales; pero la patronal está subvencionada el 70% por sus socios, y el 30% por el estado por dar cursos de formación, más o menos es más trasparente que los sindicatos, los cuales están muy subvencionados.

Pero siguiendo con los sindicatos he localizado en Internet la siguiente información: A esto habría que sumar otras cantidades, como por ejemplo, los 149 millones de euros que Zapatero dio a la UGT, por la devolución del patrimonio sindical que le fue confiscado por la dictadura franquista. Además hay que sumar los más de 175 millones de euros, que se reparten anualmente con las organizaciones empresariales, de los cursos de formación que, según dicen ellos, realizan para formar a los trabajadores.

Sección X.14. Cómo sería una financiación justa de cualquier Institución

A la La Iglesia, el que lo elija, se le da el 0,7% del PIB en la declaración de hacienda, en este caso es admisible porque es voluntario. Un defecto de la Iglesia es que no paga el IBI, serían 3.000 millones de euros.

Habría que hacer con todas las asociaciones del país lo mismo que se hace con la Iglesia. No sale obligatoriamente nada de dinero del estado, que somos todos, si no es voluntario. Por ejemplo en la declaración de hacienda que pone el 0,7% para La Iglesia, y esto es voluntario, que pongan una lista de partidos políticos, sindicatos, patronal, etc; para que yo los financie con el 0,7% igual que se financia la Iglesia. Es voluntario y eso si es democracia de verdad.

Sección X.15. El gran despilfarro de las elecciones y como debería ser

Es un gran despilfarro los carteles publicitarios. Que lo hagan por la televisión pública y que las votaciones se hagan por Internet, como ya lo hacen en Estados Unidos. Pero hay una empresa que desde hace años tiene el monopolio de todas las papeletas; es todo amigotes en este país.

Si las personas mayores no lo entienden que haya gente que se lo explique. Sólo habría que poner un programa con todos los partidos e introducir nuestro carnet de identidad, el cual tiene una clave, esto tendría la ventaja de que puedo votar en un determinado horario, sin salir de casa o en centros electorales, con gente que le explique a las personas mayores, o al que no entienda de informática, como se vota por Internet. Se puede votar, mientras la página esté activa, por ejemplo de 8 de la mañana a 8 de la noche votar.

Si se deja de votar a las 8 de la noche se sabrían los resultados en muy poco tiempo y no habría ninguna posibilidad de fraude. Se puede votar por Internet en cualquier parte del mundo, sin que tenga que existir el voto por correo. Y esto se pudo haber hecho desde que existe Internet, con lo que se habría ahorrado mucho dinero.

Habría en centros de votar ordenadores, que podrían ser alquilados, y una persona que le explicase al anciano como se vota. Generalmente en muchos hogares hay ordenadores con Internet y gente que los entiende, entonces esa persona, generalmente los jóvenes, explicaría al resto como votar.

Sección X.16. El aporte a la investigación

Al tener más dinero el estado, debido a que no existiría el fraude fiscal, se podría invertir más dinero a la investigación, con lo que volverían a España nuestros científicos que están en el extranjero. Las inversiones en investigación han bajado en un 59% estos años de crisis.

A pesar de que España es el doceavo país del mundo en PIB, somos de los países de Europa que menos dinero invierte en investigación.

Sección X.17. La eliminación del IBI, la bajada del IRPF, la bajada de la Seguridad Social, la eliminación del Impuesto de Sucesiones, la bajada del IVA

Yo soy de la opinión que hay que eliminar el IBI, porque es un impuesto muy injusto y graba una propiedad que es de uno mismo. También se puede bajar el IRPF y las retenciones, no como en el 2013 que han subido. Habría que bajar en los 7 tramos del IRPF como ya piensan dejar el máximo a 43%.

La seguridad social de los empleados es muy cara. Al tener 150.000 millones de euros del fraude fiscal, se podría disminuir las cotizaciones a la seguridad social, que sería otra ventaja para animar a la gente a montar negocios.

El Impuesto de Sucesiones se podría eliminar, porque es un impuesto muy injusto. Hoy en día ya se piensa en eliminarlo en alguna comunidad autónoma. Hay mucha diferencia entre comunidades, lo mismo que cuesta en Asturias 90.000 euros del Impuesto de Sucesiones, en Madrid cuesta sólo 900 euros. Y está permitido porque son impuestos autonómicos, no estatales.

El IVA se podría bajar porque hay dinero suficiente del fraude fiscal. El IVA llegó al 21%, a pesar de que inicialmente era del 12%. Se habla ahora de no subirlo más del 21%, pero algún IVA reducido lo están aumentando.

CAPITULO XI

Con nuestro sistema el capitalismo funciona

Y por último decir que el capitalismo funciona así muy bien, una vez eliminada la malicia actual del capitalismo, la cual consiste en que las grandes empresas y multinacionales no pagan apenas a hacienda. Sin utilizar el sistema del libro se pueden controlar pero no lo hacen. Y lo he demostrado para España que está entre el 12 y el 14% en PIB del mundo, con lo que en otros países con mayor PIB y renta per cápita será más fácil.

El estado actual es que los ricos son más ricos y los pobres son más pobres, tal y como dijo Juan Pablo II. Por eso con una sociedad perfecta como el que he descrito en este libro la gente viviría mejor y sería más feliz, que viene en un artículo de la constitución Americana, que el deber de toda persona es ser feliz, pues facilitémosles las cosas.

La información de este libro principalmente la he conseguido de Internet; Radios españolas como ES-Radio, Onda cero, profesionales de los temas expuestos, y periódicos españoles. Toda esta información es mi criterio porque la verdad real no se sabe, o la saben muy pocas personas. Siempre que das tu opinión ofendes a alguien, pero es un riesgo que estoy dispuesto a correr.

ÍNDICE

www.ingramcontent.com/pod-product-compliance
Lightning Source LLC
Chambersburg PA
CBHW051922170526
45168CB00001B/499